U0909146

林 木 良 种 名 录

CATALOG OF IMPROVED VARIETIES OF FOREST TREES

林木良种名录

（2002—2015）

国家林业局国有林场和林木种苗工作总站　编

中国林业出版社

图书在版编目（CIP）数据

林木良种名录：2002—2015 / 国家林业局国有林场和林木种苗工作总站编. —北京：中国林业出版社，2017.2

ISBN 978-7-5038-7877-0

Ⅰ. ①林… Ⅱ. ①国… Ⅲ. ①优良树种－中国－名录 Ⅳ. ①S722-62

中国版本图书馆CIP数据核字 (2017) 第028549号

中国林业出版社·生态保护出版中心

策划编辑　刘家玲

责任编辑　刘家玲　牛玉莲

出版发行　中国林业出版社（100009　北京市西城区德内大街刘海胡同7号）

E-mail：wildlife_cfph@163.com　电话：(010) 83143519

制　　版　北京美光设计制版有限公司

印　　刷　北京卡乐富印刷有限公司

版　　次　2017年2月第1版

印　　次　2017年2月第1次

开　　本　787mm×1092mm 1/16

印　　张　25

字　　数　592千字

定　　价　260.00元

未经许可，不得以任何方式复制或抄袭本书之部分或全部内容。

版权所有　侵权必究

《林木良种名录》编委会名单

主　编：杨　超

副主编：张周忙

编　委：（以姓氏笔画为序）

丁明明　马志华　郑欣民

赵　兵　郝　明　薛天婴

前 言

“一粒种子可以改变一个世界，一个品种可以造福一个民族。”居于生产链条源头的种子，是国家战略性、基础性的核心资源，是人类生存和发展的基础，对于着力推进国土绿化，着力提高森林质量，维护国家生态安全，发挥着重要的保障作用。

党的十八大以来，党中央、国务院高度重视林木种苗工作，出台了一系列支持政策，为林木种苗提供了新的发展机遇。2012年国务院办公厅印发了《关于加强林木种苗工作的意见》，2013年又印发《关于深化种业体制改革提高创新能力的意见》，这是国家对林业种业发展空前重视的重要标志。林木良种是林业种业发展和林业增产增益的重要内因，在林业现代化建设中始终发挥着“源动力”的作用，林木良种化是推进林业现代化的治本之策，必须加速良种选育工作和对林木良种的宣传力度，大力推广使用林木良种。

目前，我国已建设国家重点林木良种基地224处，其他各类林木良种基地1200多处，年生产林木良种300多万千克，良种穗条40多亿条（根），良种使用率由51%提高到现在的61%。到“十三五”末，我国森林覆盖率要提高到23.04%，计划每年完成造林任务1亿亩（666.67万hm^2）左右。当前我国造林立地条件越来越差，绝大多数分布在干旱、半干旱或高山、远山地区，造林成活难、巩固成果难。在这种情况下，要完成艰巨的生态建设任务，必须从造林的第一道工序——种苗上挖潜力、寻突破，不仅要保证充足的种苗供应，以满足大规模造林需求，更要大力推广使用良种壮苗，确保森林质量的不断提高。用良种壮苗造林，不但成活率高、生长快、成林早，而且形成的森林生态系统更加稳定、发挥的生态功能更加强大，能有效增进森林健康，增强林木抵抗自然灾害的能力。

为了广泛普及林木良种知识，大力推广使用林木良种，国家林业局国有林场和林木种苗工作总站组织编写了《林木良种名录》一书，系统收录了国家林业局林木品种审定委员会自2002年成立以来审定通过的376个林木良种，详细介绍了审定通过良种的品种特性、栽培技术要点和适宜种植范围，图文并茂，对于开展林木良种推广、指导生产者正确选择品种和开展科学种植具有重要作用。这本书是对我国多年来林木育种成果的集中展示，是育种者辛勤劳动的研究成果，希望各级林业部门结合本地造林绿化实际，因地制宜，大力推广使用林木良种。希望广大科技工作者和林木育种工作者，严格按照林木良种选育规程，加强基础研究，加快选育步伐，为林业生产奉献更多更好的林木良种。

编者

2016年12月

目 录

2007 年

2008 年

2009 年

2010 年

2011 年

2012 年

2013 年

2014 年

2015 年

林 木 良 种 名 录

Catalog of improved varieties of forest trees

2002

年

南林 95 杨

树种： 杨树
类别： 无性系
通过类别： 审定
学名： *Populus × euramericana* 'Nanlin 95'
编号： 国 S-SC-PE-001-2002
申请人（单位）： 南京林业大学杨树研究开发中心

品种特性

美洲黑杨杂交种，干形通直圆满，尖削度小。7 年生平均树高 3.57m，胸径 4.57cm，材积生长量达到 24.72m^3/hm^2，高生长和胸径生长量平均值分别超过对照品种 I-69 杨 12.0%~18.5% 和 12.33%~22.5%，材积生长量超过对照 24.22%。可作为用材林品种。

栽培技术要点

选择土壤水肥条件较好的地块造林。用作单板大径级用材造林的密度为株行距 6m×6m，穴规格长 × 宽 × 深为 80cm×80cm×100cm，栽植深度 60~80cm，造林苗最好采用 2 年根 1 年干大苗，灌足底水。

适宜种植范围

黄淮、江淮及长江中下游的广大平原地区。

1. 树皮
2. 花
3. 苗干
4. 苗木
5. 树形

南林 895 杨

树种： 杨树
类别： 无性系
通过类别： 审定
学名： *Populus × euramericana* 'Nanlin 895'
编号： 国 S-SC-PE-002-2002
申请人（单位）： 南京林业大学杨树研究开发中心

品种特性

美洲黑杨杂交种，干形通直圆满，尖削度小。平均年生长量树高 3.71m，胸径 4.85cm，材积生长量达到 26.46m³/hm²，高生长和胸径生长量平均值分别超过对照品种 I-69 杨 12.0%~18.5% 和 12.33%~22.5%，材积生长量超过对照 53.22%。可作为用材林品种。

栽培技术要点

选择土壤水肥条件较好的地块造林。用作单板大径级用材造林的密度为株行距 6m×6m，穴规格长 × 宽 × 深为 80cm×80cm×100cm，栽植深度 60~80cm，造林苗最好采用 2 年根 1 年干大苗，灌足底水。

适宜种植范围

黄淮、江淮及长江中下游的广大平原地区。

1	2	3
4	5	6

1. 花　4. 苗木
2. 苗干　5. 2 年生树
3. 树皮　6. 树形

马尾松桐棉种源

树种：马尾松
类别：种源
通过类别：审定
学名：*Pinus massoniana*
编号：国 S-SP-PM-003-2002
申请人（单位）：广西壮族自治区国有派阳山林场

品种特性

干形通直圆满，分枝小，树冠窄。25 年生平均树高 25.3m，平均胸径 32.1cm，平均蓄积 775.5m^3/hm^2。可作为生态林和用材林品种。

栽培技术要点

适当密植，每公顷 2500~3000 株，穴规格长 × 宽 × 深为 40cm × 40cm × 30cm，造林前施基肥——钙镁磷肥 250g/ 株，造林当年及第 2 年铲草抚育 2 次，第 3 年除草 1 次。

适宜种植范围

福建、江西、湖南、四川、广东、广西等马尾松适宜栽培区。

1. 造林
2. 球果
3. 针叶
4. 树干
5. 试验林

1	2
3	4
5	

落羽杉中山 302 号

树种：落羽杉

学名：*Taxodium distichum* × *T. mucromatum* 'Zhongshan 302'

类别：无性系

编号：国 S-SC-TD-004-2002

通过类别：审定

申请人（单位）：殷云龙

品种特性

干形通直圆满，树冠塔形。枝叶绿期比池杉长 20~30 天。10 年生平均树高 9.45m，平均胸径 16.6cm，平均蓄积 $6.36m^3$/ 亩*。可作为用材林和园林绿化品种。

栽培技术要点

苗木移栽时随起随栽，对过长的根系缩剪，使根系舒展。浇足定根水。绿化造林时需深栽，如使用 2m 以上大苗造林时，应适当疏枝。

适宜种植范围

浙江、江苏等落羽杉适宜栽培区。

1. 单株
2. 球果
3. 叶和果
4. 1 年生苗（从苗床移栽至苗圃地）
5. 树皮
6. 造林

	1	2
3	4	5
	6	

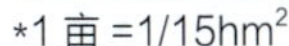

*1 亩 =1/15hm²

辽育 1 号杨

树种： 杨树（美洲黑杨 × 小钻杨）　**学名：** *Populus* 'Liaoyu 1'
类别： 无性系　**编号：** 国 S-SC-PL-005-2002
通过类别： 审定　**申请人（单位）：** 辽宁省杨树研究所

品种特性

雄株。干形通直圆满，速生，抗旱，抗寒，耐瘠薄，能耐轻度盐碱。

栽培技术要点

采用当年生扦插苗的截干根进行造林，截干高 25~30cm，根幅 30~40cm，于秋季封冻前栽植。植坑 40cm × 40cm × 40cm，栽植时踩实，防止窝根。

适宜种植范围

辽宁沈阳以南平原地区。

1. 树干
2. 造林
3. 雄花序
4. 花芽

毛白杨 CFG37

树种： 毛白杨
类别： 无性系
通过类别： 审定
学名： *Populus tomentosa* 'CFG37'
编号： 国 S-SC-PT-006-2002
申请人（单位）： 顾万春

品种特性

绿化树形态指数提高 15.1%。13 年生，单株材积 0.536m^3，木材平均密度 0.5038g/m^3，纤维平均长 1058μm。抗病虫指数提高 8.2%。适宜用于工业用材林和城乡园林绿化林品种。

栽培技术要点

同毛白杨常规栽培技术。

适宜种植范围

北京、河北、河南等毛白杨适宜栽培区。

树干（示树皮特征）

毛白杨 CFG1012

树种：毛白杨
类别：无性系
通过类别：审定
学名：*Populus tomentosa* 'CFG1012'
编号：国 S-SC-PT-007-2002
申请人（单位）：顾万春

品种特性

绿化树形态指数提高 12.8%。13 年生，单株材积 0.468m^3，木材平均密度 0.4953g/m^3，纤维平均长 1017μm。抗病虫指数提高 8.4%。适宜用于工业用材林和城乡园林绿化林品种。

栽培技术要点

同毛白杨常规栽培技术。

适宜种植范围

北京、河北、河南等毛白杨适宜栽培区。

树干（示树皮特征）

昭林6号杨

树种： 杨树
类别： 无性系
通过类别： 审定

学名： *Populus* 'Zhaolin 6'
编号： 国 S-SC-PX-008-2002
申请人（单位）： 内蒙古自治区赤峰市林业科学研究院

品种特性

单株材积生长比北京杨、少先队杨、小黑杨等快，平均材积是小黑杨的180%。抗寒（抗-31℃低温），大树和幼苗无冻害，抗旱，抗病虫，材质优良。

栽培技术要点

培育中径材，密度4m×（4~5）m为宜。培育大径材，密度（5~6）m×（5~6）m为宜。

适宜种植范围

辽宁西部、内蒙古高原、松辽平原以及类似于赤峰地区气候条件的地区。

1	2	3
4		5

1. 大树枝叶
2. 1年生枝条——芽
3. 树干
4. 育苗
5. 片林

东门林场尾巨桉

树种：桉树　　学名：*Eucalyputs urophylla* × *E. grandis*
类别：无性系　　编号：国 S-SC-EUG-009-2002
通过类别：审定　　申请人（单位）：广西壮族自治区国营东门林场

品种特性

干形通直，出材率高，材质好，纹理直，耐瘠薄，速生丰产，轮伐期短，具短时耐低温能力。抗风性较差，8 级以上台风危害严重，抗青枯病、焦枯病能力差。

栽培技术要点

整地造林，密度 1250~2200 株 /hm²。造林前施基肥——钙镁磷 278kg/hm²，当年追肥尿素 108.7kg/hm²+ 钾肥 100kg/hm²，第 3 年追肥 107.8kg/hm²+ 磷肥 278kg/hm²。及时抚育，当年除草 1 次，第 3 年除草 1 次，并进行机耕抚育 1 次。

适宜种植范围

广大华南地区的平原、丘陵及山地且无明显霜冻及台风危害地区。

1. 苗木
2. 花枝
3. 叶
4. 片林
5、6. 尾巨桉无性系

<table>
<tr><td></td><td>1</td><td>2</td></tr>
<tr><td>3</td><td rowspan="2">5</td><td rowspan="2">6</td></tr>
<tr><td>4</td></tr>
</table>

世纪杨（抗虫杨12号）

树种：欧洲黑杨
类别：转基因无性系
通过类别：审定
学名：*Populus nigra* 'Shiji'
编号：国 S-TGV-PN-010-2002
申请人（单位）：韩一凡

品种特性

年均胸径生长量3~4cm。抗虫，试验害虫对‘世纪杨’的林分危害低于50%，使林分达到有虫无害。可与其他品种混交，具有降低虫害的作用，可作杀虫剂使用。黑龙江和吉林北部有寒害。

栽培技术要点

壮苗适当深栽，栽后及时灌水、封土，春季施肥1次。

适宜种植范围

我国西部、华北、辽宁以及吉林、黑龙江部分地区。

1. 树皮
2. 树干
3. 单株

岑溪软枝油茶

树种：油茶
类别：无性系
通过类别：审定

学名：*Camellia oleifera* 'Cenxiruanzhi'
编号：国 S-SC-CO-011-2002
申请人（单位）：广西岑溪市林业局、岑溪市软枝油茶种子园

品种特性

7 年进入丰产期，产油 231kg/hm²，高产无性示范园产油 900kg/hm²，种仁含油率 51.37%~53.60%，各项均高于油茶良种标准。油质酸价 1.06%~1.46%，低于 3% 要求。抗油茶炭疽病，耐霜冻、耐贫瘠、耐干旱。但茶树结果过多，抚育施肥措施跟不上，易造成少部分茶树生长势衰退。

栽培技术要点

选择丘陵林地，带状或块状细致整地，壮苗造林，施足基肥，即时抚育、施肥，促进幼林生长。结果树要做好抚育，及时补充营养，保持高产稳产。

适宜种植范围

北纬 18° 21'~34° 34'，东经 98° 40'~121° 40'，我国南方 13 省区均可栽培。海拔 800m 以下均可种植，对土壤要求不严，但选择低丘陵林地，土层深厚、肥沃、排水良好的微酸性土，生长发育最好。

1	4
2	
3	5

1. 果
2. 花
3. 芽苞、花苞
4. 树形
5. 林相

GLS 赣州油 1 号

树种：油茶
类别：无性系
通过类别：审定
学名：*Camellia oleifera* 'Ganzhouyou1'
编号：国 S-SC-CO-012-2002
申请人（单位）：江西省赣州市林业科学研究所

品种特性

生长快，结实早，产量高，树冠产果量 2.356kg/m^2，鲜果出籽率 41.09%，种仁含油率达 48.47%，连续 4 年平均产油量达 67.248kg/ 亩。果皮红色、皮薄，抗性强，树冠开张，分枝均匀。

栽培技术要点

正确选择造林地，反坡水平梯带大穴整地，施足基肥，选用芽苗砧嫁接苗造林，每亩 120 株，当年免耕，第 2 年起抚育以深挖垦复为主，辅以追肥，注意防病虫，5 年内不宜挂果，10 年进入盛果期。

适宜种植范围

江西全省各地（市），南方油茶中心产区。

1. 芽
2. 叶
3. 果实
4. 种子
5. 果实着生状态
6. 开花状
7. 结果状
8. 母树
9. 测定林

GLS 赣州油 2 号

树种：油茶　　**学名：***Camellia oleifera* 'Ganzhouyou2'
类别：无性系　　**编号：**国 S-SC-CO-013-2002
通过类别：审定　　**申请人（单位）：**江西省赣州市林业科学研究所

品种特性

生长快，结实早，产量高，树冠产果量 1.501kg/m^2，鲜果出籽率 42.09%，种仁含油率达 58.325%，连续 4 年平均产油量达 64.446kg/亩。果实红色球形、皮薄，抗性强，树冠开张，分枝均匀。

栽培技术要点

正确选择造林地，反坡水平梯带大穴整地，施足基肥，选用芽苗砧嫁接苗造林，每亩 120 株，当年免耕，第 2 年起抚育以深挖垦复为主，辅以追肥，注意防病虫，5 年内不宜挂果，10 年进入盛果期。

适宜种植范围

江西全省各地（市），南方油茶中心产区。

1. 芽　5. 花
2. 叶　6. 果实着生状态
3. 果实　7. 母树
4. 种子　8. 测定林

1	2
3	4
5	6

7	8

天汪一号苹果

树种：苹果
类别：品种
通过类别：审定
学名：*Malus pumila* 'Tianwang1'
编号：国 S-SC-MP-015-2002
申请人（单位）：甘肃省天水市果树研究所

品种特性

树体矮小，生长健壮，早果丰产，3 年生开花株率 54%~83%，4 年生为 100%，亩产 622kg，6~8 年生亩产 2000kg 以上，果实五棱突起，着色早，平均单果重 210g，肉细多汁，质地致密，可溶性固形物 11.9%~14.1%。品质优良，抗病。

栽培技术要点

采用 0.8~1.0m^3 大坑定植，以（2~2.5）m × 4m 株行距栽 66~83 株 / 亩，细长纺锤形或自由纺锤形整形。幼树宜轻剪、接枝、开角、缓势促花。盛果期在加强肥水及病虫综合防治的基础上，细致修剪，更新复壮结果基枝，疏花疏果，留果 1.0 万 ~1.3 万个 / 亩，防止大小年。

适宜种植范围

适于温带落叶果树带黄土高原地区的川道、浅山及苹果种植区划带内海拔 1600m 以下山地栽植。

1. 叶　5. 种子
2. 花　6. 母树
3. 茎干　7. 实验树
4. 果实

1	2	3
4	5	
6		7

华美2号猕猴桃

树种：猕猴桃
类别：无性系
通过类别：审定
学名：*Actinidia chinensis* 'Huamei2'
编号：国 S-SC-AC-016-2002
申请人（单位）：河南省西峡猕猴桃研究所

品种特性

生长势强，枝条粗壮，叶大质厚，芽饱满。结果早，定植后第2年结果，果实个大，果实长圆锥形，平均果重112g。果心小，汁液多，酸甜适口，富有芳香，成熟早，产量高。抗逆性强，抗寒，抗日灼，适应性广，少有病虫害。但如成熟前遇大旱，有落果现象。

栽培技术要点

选择土层深厚、肥沃、疏松、排水良好的中性或微酸性土壤栽培，株行距4m×（4~5）m，秋季落叶后或早春萌芽前定植，雌雄比8∶1为宜，以T型架或平顶大棚架较好，加强土、肥、水管理，多采用单主蔓一次上架，夏季修剪注意除萌、疏枝，冬季修剪不宜短截，一般发育枝剪留7~8个芽。果实发育期和成熟期防止干旱、水涝。

适宜种植范围

河南、陕西、浙江、福建、四川、江苏、云南、江西、安徽、湖北、湖南、山东、山西、甘肃等地猕猴桃适栽地区。

1	3
2	

1. 叶
2. 果实及果实剖面
3. 根系

惠民蜜桃

树种：桃
类别：品种
通过类别：审定
学名：*Prunus persica* 'Huimin'
编号：国 S-SV-PP-014-2002
申请人（单位）：张秀葵

品种特性

早果，丰产，果实大，含糖量高，汁多味浓，着色鲜艳，较耐贮运，优良的中早熟品种。果实平均重 257g，可溶性固形物 11%~14%，果实生育期 115~135 天。当年定植或高接，第 2 年结果，第 3 年盛果。抗旱，抗寒性强，但不耐涝，对细菌性穿孔病抗性较差。

栽培技术要点

起垄栽培，垄宽 1~1.2m，高 20~25cm，防涝。采用纺锤形或延迟开心形整形修剪。配好授粉树，采用人工授粉，水肥管理同常规桃树管理。主要防治蚜虫、潜叶蛾、桃小食心虫及疮痂病等。

适宜种植范围

山东、新疆、甘肃及相似的生态区。

林 木 良 种 名 录

Catalog of improved varieties of forest trees

2003 年

白桦强化种子园种子

树种：白桦	学名：*Betula platyphylla*
类别：种子园种子	编号：国 S-SSO(1)-BP-001-2003
通过类别：审定	申请人（单位）：杨传平

品种特性

干形通直，自然整枝能力强，春夏两季，白绿相间，秋季叶子为金黄色，冬季树干洁白，枝条深红，具有观赏价值；材质纹理细致，颜色洁白，表面光滑；生长迅速，3 年生幼树高可达 5~6m，平均高为 4.25m。

栽培技术要点

营养杯育苗后常规栽培。

适宜种植范围

辽宁、吉林、黑龙江、内蒙古。

1. 强化种子园
2. 雄花序
3. 成熟果序
4. 优良家系
5. 半同胞子代林
6. 全同胞子代林

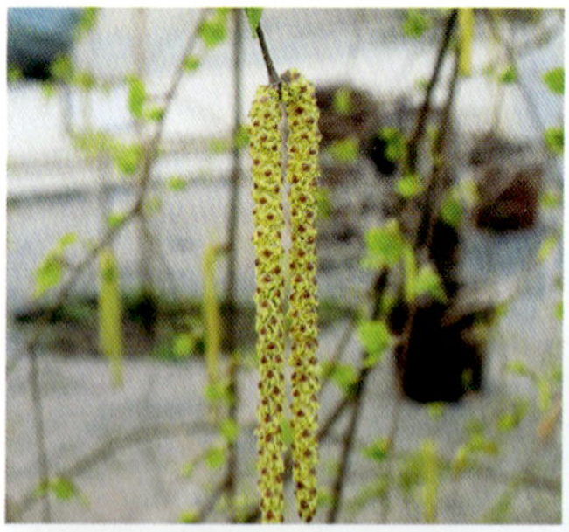

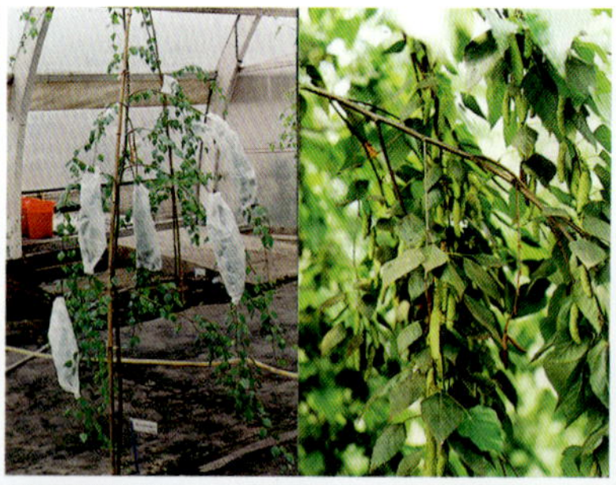

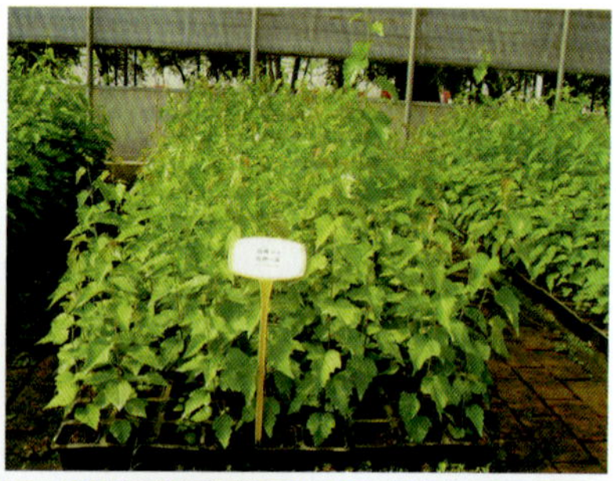

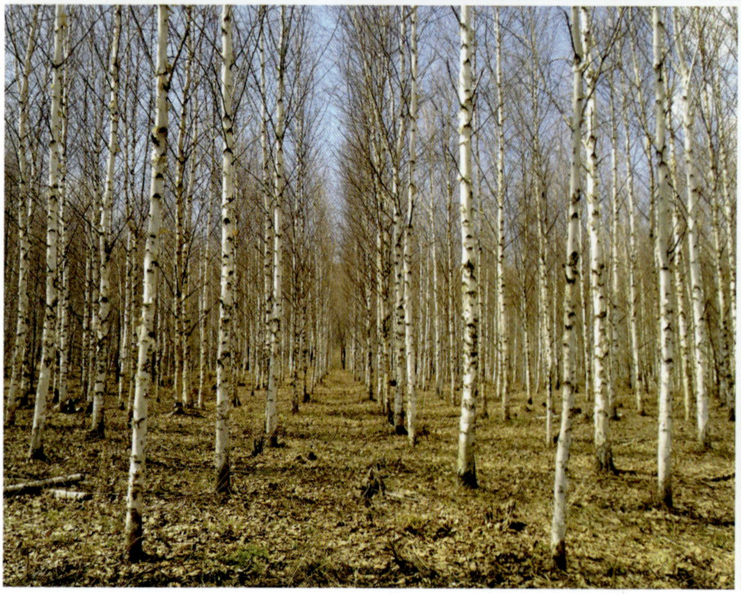

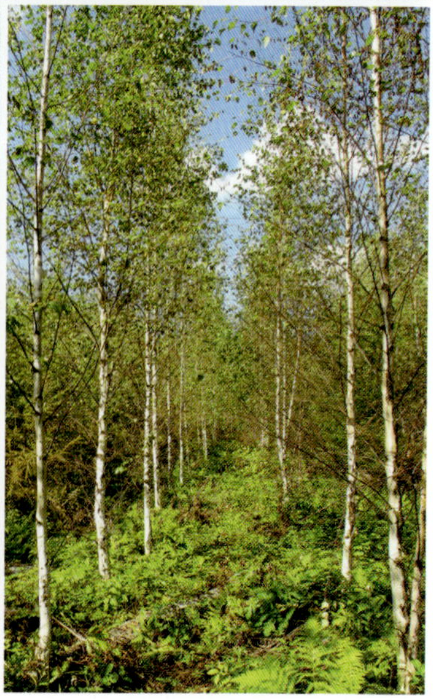

马大杂种相思 AMA9801 无性系

树种： 马占相思 × 大叶相思
学名： *Acacia mangium* × *A. auriculiformis*
类别： 杂种无性系
编号： 国 S-SC-AM-002-2003
通过类别： 审定
申请人（单位）： 张方秋

品种特性

杂种优势明显，花粉黄色（似父本），花丝白色（似母本）；速生，适应性强，生物量大，蓄水、固氮能力强，遗传增益达 18%，年生长量达 $22m^3/hm^2$；耐短时 - 1℃低温，耐贫瘠。

栽培技术要点

栽植株行距为 2.5m × 4m，在造林前一年冬季整地，使土壤充分风化，同时消灭部分害虫；山地造林采用穴垦，规格 0.5m × 0.5m × 0.4m，也可采用水平带状整地，带宽 50cm，深 40cm；在栽植前 10 天施基肥，每穴施 100g 复合肥或 500g 磷肥，基肥须与回穴土充分拌匀。

适宜种植范围

海南，广东东部、西部，广西南部，云南南部及福建漳州以南海拔 600m 以下地区。

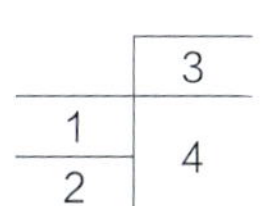

1. 叶与花序
2. 未成熟果荚
3. 树干
4. 试验林

四倍体刺槐 K4

树种： 刺槐
类别： 引种驯化品种
通过类别： 审定
学名： *Robinia pseudoacacia* 'K 4'
编号： 国 S-ETS-RP-003-2003
申请人（单位）： 田砚亭等

品种特性

抗旱及抗寒能力强，无刺或少刺，生物量大，叶片及嫩枝条中营养成分含量高，是优质的木本饲料。

栽培技术要点

以根插繁殖；栽种前截干，在浇水困难的地区，采用蘸泥浆法。

适宜种植范围

新疆、内蒙古、宁夏、甘肃、青海、云南、河北、河南、山西、陕西、江苏、四川、辽宁、吉林、山东、北京、天津等地最低年平均气温 5℃、降水量 200mm 以上地区。

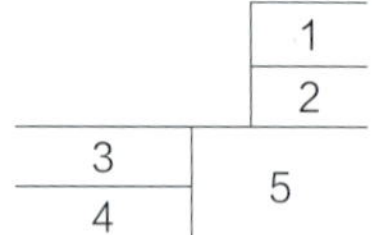

1. 叶片肥大
2. 萌蘖能力强
3. 二倍体与四倍体叶片对比
4. 根系发达
5. 花量多花期长

转基因 741 杨

树种：银白杨 ×（山杨 + 小叶杨）× 毛白杨
学名：*Populus aldatomentosa* '741'
类别：转基因品种
编号：国 S-TGV-PA-004-2003
通过类别：审定
申请人（单位）：郑均宝、田颖川

品种特性

早期生长缓慢，后期生长迅速。材质优良，木材洁白，无空心、腐心现象。抗鳞翅目害虫，连继5代的饲虫试验稳定；抗盐性黏质土壤；抗寒。

栽培技术要点

株行距 1m × 1.5m 或 1m × 2m，农林间种。

适宜种植范围

河南、河北、北京、天津、山东。

1	2
3	4

1. 苗木
2. 单株
3. 树干
4. 试验林（夏季）

黄平林场第一代马尾松种子园种子

树种：马尾松
类别：种子园种子
通过类别：审定
学名：*Pinus massoniana*
编号：国 S- SSO(1)-PM-005-2003
申请人（单位）：贵州省黄平县国有林场

品种特性

种子纯度96%，千粒重11.9g，发芽率96.7%，场圃发芽率87%，造林成活率98%。生长快，郁闭早，干形圆满通直，大径材比例大。材积遗传增益达30%，干形改良27%以上。

栽培技术要点

整地清理后挖60cm×60cm×30cm的明穴，将腐熟的肥料与表土混合均匀后填土，再培土成“馒头型”；选Ⅰ级苗造成林，切实做到栽植时根系尽量舒展，踩实，避免“窝根”。

适宜种植范围

贵州、湖南、浙江、江西。

1	4
2	5
3	6

1. 初级种子园
2. 种子检验
3. 种子100粒发芽试验
4. 苗木
5. 结实
6. 示范林

大孤家日本落叶松种子园种子

树种：日本落叶松　　学名：*Larix kaempferi*
类别：种子园种子　　编号：国 S-CSO(1)-LK-006-2003
通过类别：审定　　申请人（单位）：谭希文

品种特性

速生，丰产，耐寒，抗病。材积生长量提高105%~204%，综合抗逆性提高 46%~105%，遗传增益 13%~59%。材质优良，干形好，可作为民用、工业建筑用材的优良栽培品种。

栽培技术要点

秋季或春季造林，栽后及时浇水、除草等抚育管理。

适宜种植范围

吉林中南部、辽宁及华北、西北地区日本落叶松适生区。

1	2
	3
4	5

1. 网袋苗和实生苗对比
2. 种子
3. 球果
4. 采种林
5. 雄花、雌花

山地1号杨

树种： 美洲黑杨 × 欧洲黑杨

学名： *Populus deltoides* × *P. nigra* 'Shandi1'

类别： 无性系

编号： 国 S-SC-PDP-007-2003

通过类别： 审定

申请人（单位）： 赵云

品种特性

生长迅速，抗性强，树冠较窄，材质优良。木材基本密度0.345g/m^3，木材干缩系数0.36，抗变形能力强，心材和边材均白色，无“红心”现象。能在25°以下山地造林。

栽培技术要点

山地造林坡度不超过25°，以山中、山腹为宜；穴状整地，规格50cm×50cm×50cm；山地造林株行距2m×3m或2m×2m，平原造林株行距3m×3m或2m×3m；造林苗木地径>1.5cm，侧根长度不超过20cm。

适宜种植范围

吉林中东部地区。

1	2
3	4

1. 1年生苗
2. 树干横截面
3. 敦化试验林
4. 叶形

哈达长白落叶松种子园种子

树种：长白落叶松　　学名：*Larix olgensis*
类别：种子园种子　　编号：国 S-CSO(1)-LO-008-2003
通过类别：审定　　申请人（单位）：辽宁省国有抚顺县哈达林场

品种特性

种子纯，发芽率高。木材重，纹理通直，力学强度高，抗弯力大。平均遗传增益26.17%。抗寒，抗旱，具有较强的生命力和抗病虫害能力。

栽培技术要点

采用长白落叶松常规栽培技术。

适宜种植范围

辽宁东部山区。

1		
2	3	4
5	6	

1. 花
2. 枝、叶
3. 果实与种子
4. 球果
5. 树皮、树干
6. 子代测定林

大叶玫红

树种： 红花檵木
学名： *Loropetalum chinense* var. *rubrum* 'Daye Meihong'
类别： 品种
编号： 国 S-SV-LCR-009-2003
通过类别： 审定
申请人（单位）： 湖南省林业科学院

品种特性

属双面红类大叶红型品种。年花期 3 次，春花晚期，花为玫瑰红色。耐阴性强，适宜高大建筑物和公路立交桥下光照较弱处栽植；适宜培植大中型灌木球、大型色雕或彩叶小乔木。

栽培技术要点

采用厢式栽培，苗床宽 1.2m。10 月上旬至 12 月中旬和 2 月上旬至 3 月下旬栽苗为宜，分为沟植或穴植，1 万 ~1.5 万株 / 亩。5~6 月中耕除草，深度为 3~5cm；2~3 年生出圃的可多施氮素肥料，每 $100m^2$ 追施硝酸铵 1.2kg，过磷酸钙 1.5kg，氯化钾 0.5kg。苗期有立枯病危害，春季多雨季节喷施 70% 甲基托布津 1000 倍液或 75% 百菌清 1000 倍液。

适宜种植范围

长江以南各地。

1	3
3	4

1. 花枝
2. 花序
3. 花期树形
4. 应用于小乔木培育

大叶红

树种：红花檵木
学名：*Loropetalum chinense* var. *rubrum* 'Daye Hong'
类别：品种
编号：国 S-SV-LCR-010-2003
通过类别：审定
申请人（单位）：湖南省林业科学院

品种特性

属双面红类大叶红型品种。优良观赏性状主要表现在叶片上，叶长 4~9cm，宽 2~5cm，属红花檵木中的特大叶型，叶两面光润红亮，常年红色，在叶形、叶色上属红花檵木上品；花为大花色；分枝较疏。生长速度较快，适宜培植大中型灌木球、大型色雕或彩叶小乔木。

栽培技术要点

采用厢式栽培，苗床宽 1.2m。10 月上旬至 12 月中旬和 2 月上旬至 3 月下旬栽苗为宜，分为沟植或穴植，1 万 ~1.5 万株 / 亩。5~6 月中耕除草，深度为 3~5cm；2~3 年生出圃的可多施氮素肥料，每 $100m^2$ 追施硝酸铵 1.2kg，过磷酸钙 1.5kg，氯化钾 0.5kg。苗期有立枯病危害，春季多雨时喷施 70% 甲基托布津 1000 倍液或 75% 百菌清 1000 倍液。

适宜种植范围

长江以南各地。

1	2
3	4

1. 花枝
2. 花序
3. 花期树形
4. 应用于高绿篱培育

大叶卷瓣红

树种：红花檵木	学名：*Loropetalum chinense* var. *rubrum* 'Daye Juanbanhong'
类别：品种	编号：国 S-SV-LCR-011-2003
通过类别：审定	申请人（单位）：湖南省林业科学院

品种特性

属双面红类大叶红型品种，优良观赏性状主要表现在叶片上。年花期3次，春花晚期，花为大红色，花瓣卷曲，在花型、花色上属双面红类品种中的上品。耐阴性强，适宜光照较弱处栽植，适宜培植大中型灌木球、大型色雕或彩叶小乔木。

栽培技术要点

采用厢式栽培，苗床宽1.2m。10月上旬至12月中旬和2月上旬至3月下旬栽苗为宜，分为沟植或穴植，1万~1.5万株/亩。5~6月中耕除草，深度为3~5cm。2~3年生出圃的可多施氮素肥料，每100m^{2}追施硝酸铵1.2kg，过磷酸钙1.5kg，氯化钾0.5kg。苗期有立枯病危害，春季多雨季节喷施70%甲基托布津1000倍液或75%百菌清1000倍液。

适宜种植范围

长江以南各地。

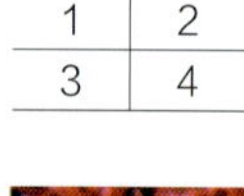

1. 花枝
2. 花序
3. 花期树形
4. 应用于高绿篱培育

卷瓣伏

树种：红花檵木
学名：*Loropetalum chinense* var. *rubrum* 'Juanbanfu'
类别：品种
编号：国 S-SV-LCR-012-2003
通过类别：审定
申请人（单位）：湖南省林业科学院

品种特性

属双面红类伏地红型品种，优良观赏性状主要表现在叶片上。年花期 3 次，春花晚期，花为大红色；分枝低矮。生长缓慢，抗旱耐瘠薄，是培植色篱、色雕、模纹花坛的上佳材料。

栽培技术要点

采用厢式栽培，苗床宽 1.2m。10 月上旬至 12 月中旬和 2 月上旬至 3 月下旬栽苗为宜，分为沟植或穴植，1 万 ~1.5 万株 / 亩。5~6 月中耕除草，深度为 3~5cm。2~3 年生出圃的可多施氮素肥料，每 $100m^2$ 追施硝酸铵 1.2kg，过磷酸钙 1.5kg，氯化钾 0.5kg。苗期有立枯病危害，春季多雨季节喷施 70% 甲基托布津 1000 倍液或 75% 百菌清 1000 倍液。

适宜种植范围

长江以南各地。

1	2
3	4

1. 花枝
2. 花序
3. 花期树形
4. 应用于高绿篱培育

大红伏

树种：红花檵木	学名：*Loropetalum chinense* var. *rubrum* 'Dahongfu'
类别：品种	编号：国 S-SV-LCR-013-2003
通过类别：审定	申请人（单位）：湖南省林业科学院

品种特性

属双面红类伏地红型品种，优良观赏性状主要表现在叶片上。年花期 3 次，春花晚期，花为大红色；分枝低矮。生长缓慢，抗旱耐瘠薄较卷瓣伏更强，特别适宜培植大型色雕和模纹花坛。

栽培技术要点

采用厢式栽培，苗床宽 1.2m。10 月上旬至 12 月中旬和 2 月上旬至 3 月下旬栽苗为宜，分为沟植或穴植，1 万 ~1.5 万株 / 亩。5~6 月中耕除草，深度为 3~5cm。2~3 年生出圃的可多施氮素肥料，每 $100m^2$ 追施硝酸铵 1.2kg，过磷酸钙 1.5kg，氯化钾 0.5kg。苗期有立枯病危害，春季多雨季节喷施 70% 甲基托布津 1000 倍液或 75% 百菌清 1000 倍液。

适宜种植范围

长江以南各地。

1	2
3	4

1. 花枝
2. 花序
3. 花期树形
4. 应用于高绿篱培育

冬艳紫红

树种： 红花檵木
学名： *Loropetalum chinense* var. *rubrum* 'Dongyan Zihong'
类别： 品种
编号： 国 S-SV-LCR-014-2003
通过类别： 审定
申请人（单位）： 湖南省林业科学院

品种特性

属透骨红类冬艳红型品种。叶较小；年花期 4 次，冬花期较长，花量大，盛花期 12 月上旬至中旬，年累计开花 105~130 天，花为紫红色；分枝适中，易成球。抗高温耐瘠薄性强，适宜培植中小型灌木球；叶片小而红亮，是微型盆景和桩景树的上佳材料。

栽培技术要点

采用厢式栽培，苗床宽 1.2m。10 月上旬至 12 月中旬和 2 月上旬至 3 月下旬栽苗为宜，分为沟植或穴植，1 万 ~1.5 万株 / 亩。5~6 月中耕除草，深度为 3~5cm。2~3 年生出圃的可多施氮素肥料，每 $100m^2$ 追施硝酸铵 1.2kg，过磷酸钙 1.5kg，氯化钾 0.5kg。苗期有立枯病危害，春季多雨季节喷施 70% 甲基托布津 1000 倍液或 75% 百菌清 1000 倍液。

适宜种植范围

长江以南各地。

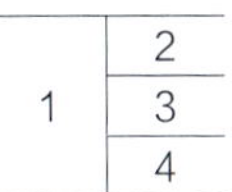

1. 应用于嫁接造型树
2. 花期树形
3. 花枝
4. 花序

冬艳玫红

树种：红花檵木
类别：品种
通过类别：审定
学名：*Loropetalum chinense* var. *rubrum* 'Dongyan Meihong'
编号：国 S-SV-LCR-015-2003
申请人（单位）：湖南省林业科学院

品种特性

属透骨红类冬艳红型品种。叶较小；年花期 4 次，冬花期较长，花量大，盛花期 12 月上旬至中旬，年累计开花 105~130 天，花为玫瑰红色；分枝适中，耐修剪。生长速度适中，树冠内膛枯枝较少，适宜色篱、色雕等园艺造型。

栽培技术要点

采用厢式栽培，苗床宽 1.2m。10 月上旬至 12 月中旬和 2 月上旬至 3 月下旬栽苗为宜，分为沟植或穴植，1 万 ~1.5 万株 / 亩。5~6 月中耕除草，深度为 3~5cm。2~3 年生出圃的可多施氮素肥料，每 $100m^2$ 追施硝酸铵 1.2kg，过磷酸钙 1.5kg，氯化钾 0.5kg。苗期有立枯病危害，春季多雨季节喷施 70% 甲基托布津 1000 倍液或 75% 百菌清 1000 倍液。

适宜种植范围

长江以南各地。

1	2
3	4

1. 花枝
2. 花序
3. 花期树形
4. 应用于高绿篱培育

冬艳亮红

树种：红花檵木	学名：*Loropetalum chinense* var. *rubrum* 'Dongyan Lianghong'
类别：品种	编号：国 S-SV-LCR-016-2003
通过类别：审定	申请人（单位）：湖南省林业科学院

品种特性

属透骨红类冬艳红型品种。叶较小；年花期4次，冬花期较长，花量大，盛花期12月上旬至中旬，年累计开花105~130天，花为亮紫红色，在花色上属红花檵木上品；分枝密，易成球。生长速度适中，适宜培植中小型灌木球；叶片小而红亮，是微型盆景和桩景树的上佳材料。

栽培技术要点

采用厢式栽培，苗床宽1.2m。10月上旬至12月中旬和2月上旬至3月下旬栽苗为宜，分为沟植或穴植，1万~1.5万株/亩。5~6月中耕除草，深度为3~5cm。2~3年生出圃的可多施氮素肥料，每100m^{2}追施硝酸铵1.2kg，过磷酸钙1.5kg，氯化钾0.5kg。苗期有立枯病危害，春季多雨季节喷施70%甲基托布津1000倍液或75%百菌清1000倍液。

适宜种植范围

长江以南各地。

1	2
3	4

1. 花枝
2. 花序
3. 花期树形
4. 应用于高绿篱培育

冬艳卷瓣红

树种：红花檵木

学名：*Loropetalum chinense* var. *rubrum* ‘Dongyan Juanbanhong’

类别：品种

编号：国 S-SV-LCR-017-2003

通过类别：审定

申请人（单位）：湖南省林业科学院

品种特性

属透骨红类冬艳红型品种。叶较小；年花期4次，冬花期较长，花量大，盛花期12月上旬至中旬，年累计开花105~130天，花瓣卷状如菊，花为亮紫红色，在花型花色上属红花檵木上品。抗高温耐瘠薄性强，夏季叶片返青期较短，生长速度适中。叶片小而红亮，是微型盆景和桩景树的上佳材料。

栽培技术要点

采用厢式栽培，苗床宽1.2m。10月上旬至12月中旬和2月上旬至3月下旬栽苗为宜，分为沟植或穴植，1万~1.5万株/亩。5~6月中耕除草，深度为3~5cm。2~3年生出圃的可多施氮素肥料，每100m^{2}追施硝酸铵1.2kg，过磷酸钙1.5kg，氯化钾0.5kg。苗期有立枯病危害，春季多雨季节喷施70%甲基托布津1000倍液或75%百菌清1000倍液。

适宜种植范围

长江以南各地。

1	2
3	4

1. 花枝
2. 花序
3. 花期树形
4. 应用于高绿篱培育

冬艳卷瓣玫

树种：红花檵木

学名：*Loropetalum chinense* var. *rubrum* 'Dongyan Juanbanmei'

类别：品种

编号：国 S-SV-LCR-018-2003

通过类别：审定

申请人（单位）：湖南省林业科学院

品种特性

属透骨红类冬艳红型品种。叶较小；年花期4次，冬花期较长，花量大，盛花期12月上旬至中旬，年累计开花105~130天，花瓣卷曲，花为玫瑰红色，在花型花色上属红花檵木上品；分枝适中。适宜培植中小型灌木球。

栽培技术要点

采用厢式栽培，苗床宽1.2m。10月上旬至12月中旬和2月上旬至3月下旬栽苗为宜，分为沟植或穴植，1万~1.5万株/亩。5~6月中耕除草，深度为3~5cm。2~3年生出圃的可多施氮素肥料，每100m^{2}追施硝酸铵1.2kg，过磷酸钙1.5kg，氯化钾0.5kg。苗期有立枯病危害，春季多雨季节喷施70%甲基托布津1000倍液或75%百菌清1000倍液。

适宜种植范围

长江以南各地。

1	2
3	4

1. 花枝
2. 花序
3. 花期树形
4. 应用于高绿篱培育

锦绣

树种：桃
类别：品种
通过类别：审定
学名：*Prunus persica* 'Jinxiu'
编号：国 S-SV-PPJ-019-2003
申请人（单位）：上海市农业科学院

品种特性

果实金黄，品质优良，可鲜食和加工；果大，较耐贮藏运输。开花迟，可避开晚霜危害。较日本与美国引进的黄桃品种抗炭疽病。繁殖容易，丰产，稳产性强。

栽培技术要点

在南方因雨水多，需深沟高畦种植，如果园排水不畅，特别在硬核期水位高时，果实易发生青斑病和实腐病。幼树生长偏旺，易徒长，修剪程度宜轻，并可通过摘心，利用副梢培养结果枝结果；疏果和套袋可显著提高果品质量和经济效益。

适宜种植范围

上海、浙江、江苏。

1	3
3	

1. 单果
2. 双果
3. 果实

京枣 39

树种：枣
类别：品种
通过类别：审定
学名：*Zizyphus jujuba* 'Jingzao 39'
编号：国 S-SV-ZJ-020-2003
申请人（单位）：北京市农林科学院林业果树研究所

品种特性

生长势强，枣股寿命长，多年生枝几乎无刺，花量大。早实性强，高产稳产，丰产性好，果实成熟期早；休眠期早，抗寒能力强。果个大，平均单果重 28.3g，最大单果重 45g。总糖 21.7%，可溶性固形物 25.4%，酸 0.36%，维生素 C 253mg/100g，可食率 98%。

栽培技术要点

栽植密度 2m×3m，春季土壤化冻后栽植。树高控制在 1.8~2.5m，冠径 2~2.5m，修剪控制。施肥以有机肥为主，化肥为辅，适时灌溉。合理疏花疏果，防治病虫害。

适宜种植范围

北京、山西及辽宁朝阳地区。

1. 成熟期果
2. 丰产状
3. 白熟期果
4. 结果状

金富

树种： 苹果
类别： 品种
通过类别： 审定
学名： *Malus pumila* 'Jinfu'
编号： 国 S-SV-MP-021-2003
申请人（单位）： 甘肃省农业科学院果树研究所

品种特性

果大，外观美，肉质致密硬脆，风味甘甜浓香，汁多，品质上等。极耐贮藏。抗寒，抗旱、抗旱期落叶病和腐烂病。

栽培技术要点

株行距 3.5m×4.5m，3m×4m 或 4m×5m，树形为疏散分层形和自由纺锤形。修剪时注意开张角度，幼树以缓放为主，促其形成短枝，切忌连年重剪。配合夏季修剪，促进早开花、早结果。结果枝组应及时更新。该品种座果率极高，要严格疏花疏果、控制座果量，提高质量。

适宜种植范围

甘肃。

1	3
2	
4	5

1. 初花
2. 套袋果
3. 结果状
4. 幼树间作
5. 成熟前果实

晋龙一号

树种：核桃　　学名：*Juglans regia* 'Jinlong 1'
类别：品种　　编号：国 S-SV-JR-022-2003
通过类别：审定　　申请人（单位）：山西省汾阳市林业局

品种特性

果个大，色浅、味香，品质优良。树体抗寒、耐旱、抗病性强。晚实。平均单果重 14.85g，平均单仁重 9.1g，出仁率 61.34%；嫁接苗 2~3 年挂果，8 年生树单株产 5.2kg，13 年生树单株产 10kg 以上。

栽培技术要点

嫁接繁殖。大坑定植，施足底肥，严格幼期综合管理，越冬埋土防寒保护。栽植密度（6~8）m×（8~10）m。

适宜种植范围

华北、西北地区降水量 > 400mm，海拔 1200m 以下，平均气温 9℃以上，无霜期 150 天以上区域。

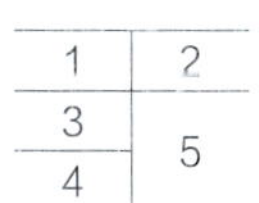

1. 果仁
2. 树体
3、4. 果
5. 试验林

晋龙二号

树种：核桃
类别：品种
通过类别：审定
学名：*Juglans regia* 'Jinlong 2'
编号：国 S-SV-JR-023-2003
申请人（单位）：山西省汾阳市林业局

品种特性

果个大，色浅、味香，品质优良。树体抗寒、耐旱、抗病性和抗晚霜能力强。晚实。平均单果重 15.92g，平均单仁重 9.02g，出仁率 56.7%；嫁接苗 3 年挂果，8 年生树单株产 8~10kg，13 年生树单株产 15kg 以上。

栽培技术要点

嫁接繁殖。大坑定植，施足底肥，严格幼期综合管理，越冬埋土防寒保护。栽植密度（6~8）m×（8~10）m。

适宜种植范围

华北、西北地区降水量 > 400mm，海拔 1200m 以下，平均气温 9℃以上，无霜期 150 天以上区域。

1. 试验林
2. 树体
3、4. 果
5. 果仁

2004年

林 木 良 种 名 录

Catalog of improved varieties of forest trees

露水河红松种子园种子

树种：红松　　学名：*Pinus koraiensis*
类别：种子园种子　　编号：国 S-CSO(1)-PK-001-2004
通过类别：审定　　申请人（单位）：吉林省露水河林业局

品种特性

喜排水良好、土壤肥沃，在山坡中下部土壤深厚、肥沃、湿润、排水良好处生长最好。千粒重 619.67g。树高、胸径、材积遗传增益分别为 8.63%、24%、34.97%。

栽培技术要点

用 3~4 年生裸根苗在春、秋及雨季植苗造林，开明穴或窄缝栽植，单株或成丛栽植；春季播种造林用隔年埋藏及催芽的种子，穴播或条播，每穴种 6~8 粒，覆土厚 3~4cm，用种量 20~25kg/hm^2。

适宜种植范围

小兴安岭海拔 300~900m、长白山海拔 500~1700m、张广才岭海拔 500~1700m、辽宁草河口和山东泰山海拔 1300m 以上地区。

1	2	5
3	4	
6	7	

1. 雌球花　5. 母树
2. 雄球花　6. 树干（茎）
3. 球果　7. 子代测定林
4. 种子

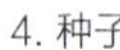

孟滦华北落叶松种子园种子

树种：华北落叶松
类别：种子园种子
通过类别：审定
学名：*Larix principis-rupprechtii*
编号：国 S-SSO(1)-LP-002-2004
申请人（单位）：周庆营、袁德水

品种特性

遗传性状稳定，树干通直。材积遗传增益为19.36%~23%，种子千粒重5.8g。

栽培技术要点

不窝根，挤紧苗，深浅适宜，不露红皮，初植密度330株/亩为宜。

适宜种植范围

冀北山地海拔800m以上地区，燕山地区、太行山区、内蒙古南部，甘肃东南部等地区。

1	3
2	
4	5

1. 种子
2. 球果
3. 一代种子园母树结实
4. 二代种子园母树
5. 优树自由授粉子代林

北票油松种子园种子

树种：油松
类别：种子园种子
通过类别：审定
学名：*Pinus tabulaeformis*
编号：国 S-CSO(1)-PT-006-2004
申请人（单位）：辽宁省北票林木良种繁育中心

品种特性

球果大，千粒重 52.24g，超过当地一般油松种子千粒重的 45%，种子产量达 22.5kg/hm^2，子代现实增益达 42.9%。

栽培技术要点

良种育苗必须采用容器育苗方式，并用剥衣剂处理种子，下种量每个容器杯 2 粒，最多不超过 3 粒。采用营养杯造林，细致整地，集约经营，精心管护。

适宜种植范围

辽宁、内蒙古。

1	2	
3	4	5
6	7	

1. 种子
2. 松针
3. 雄花
4. 授粉后幼塔
5. 球果
6. 结实母树
7. 成年优树

中涡 1 号杨

树种：美洲黑杨
类别：无性系
通过类别：审定
学名：*Populus deltoides* 'Zhongwo 1'
编号：国 S-SC-PD-007-2004
申请人（单位）：安徽省涡阳县林业科学研究所

品种特性

树干通直，育苗与造林成活率均在 95% 以上。在砂礓黑土上，胸径年生长量 3~5cm，材积比 I-69 杨提高 37.7%~54.8%，较 I-72 杨提高 11.6%~23.5%；树干形率 0.529~0.621；木材纤维长度 1.068~1.270mm。

栽培技术要点

选择地势平坦的肥沃土壤，深耕，施足基肥，做好苗床。选择 1 年生，粗度 1.5cm 左右，叶芽饱满的种条剪取插穗，3 月上中旬将用清水浸泡过 24h 的插穗，按 3000~3500 株 / 亩进行扦插。造林技术特点是"四大一深"，即挖大穴、栽大苗、施大肥、浇大水、深栽植。

适宜种植范围

淮北平原及长江沿江平原。

1. 苗木
2. 叶片对照
3. 枝条对照
4. 片林

长白落叶松小北湖种源

树种：长白落叶松　**学名**：*Larix olgensis*
类别：种源种子　**编号**：国 S-SP-LO-008-2004
通过类别：审定　**申请人（单位）**：杨传平

品种特性

稳定性好，材质优良，抗性较强。10 年生材积比对照高出 79.2%，最高 124.63%；24 年生平均树高 18.2m，超出最差天桥岭种源 10.6%，平均胸径 20.67cm，超出对照 20.5%。

栽培技术要点

速生丰产林造林密度为 2500~3300 株 /hm^2；工业原料林造林密度为 4400~5500 株 / hm^2。

适宜种植范围

黑龙江小兴安岭、张广才岭、完达山、老爷岭和长白山林区，吉林东部和辽宁东部。

1. 林分状况
2. 种子晾晒
3. 优树干形

	1
2	3

红皮云杉大丰种源

树种：红皮云杉
类别：种源种子
通过类别：审定
学名：*Picea koraiensis*
编号：国 S-SP-PK-009-2004
申请人（单位）：杨传平

品种特性

适应性好，抗逆性强，生长快，冠型美观，干形通直。10 年树高遗传增益 16.1%~21.04%，胸径遗传增益 8.4%~9.7%；23 年生平均树高 9.42m，超出最差穆棱种源 30.5%，平均胸径 11.34cm，超出对照 36.6%。

栽培技术要点

常规栽培。

适宜种植范围

东北三省及内蒙古东北部地区；城市绿化和农田防护林使用。

1	2
3	4

1. 结实状况
2. 树皮
3. 种源试验林
4. 干形

兴安落叶松乌伊岭种源

树种：兴安落叶松	学名：*Larix gmelinii*
类别：种源种子	编号：国 S-SP-LG-010-2004
通过类别：审定	申请人（单位）：杨传平

品种特性

冠幅宽，生长期长。8 年生乌伊岭种源平均树高 6.68m，而对照树高为 5.42m，材积平均比对照高 57.66%，最高达 112.87%；23 年生平均树高 18.64m，平均胸径 20.08cm。

栽培技术要点

常规育苗和栽培。

适宜种植范围

小兴安岭、大兴安岭东南部、张广才岭和完达山一带及三江平原。

1. 结实状况
2. 优树形态
3. 干形及分枝角
4. 不剥落树皮
5. 剥落树皮
6. 林分状况

	1	
	2	3
4	5	6

樟子松高峰种源

树种：樟子松
学名：*Pinus sylvestris* var. *mongolica*
类别：种源种子
编号：国 S-SP-PS-011-2004
通过类别：审定
申请人（单位）：杨传平

品种特性

生长较快，适应性强，干形通直，自然整枝能力好。9 年生材积遗传增益 16%~81.4%；23 年生平均树高 8.62m，超出阿尔山种源 14.9%，平均胸径 14.44cm，超出对照 12.4%。

栽培技术要点

常规栽培。

适宜种植范围

东北三省平原、东北东部山地及小兴安岭地区。

1	2	
3	4	5

1. 母树开花
2. 优树干形
3. 林分
4. 树皮形态
5. 生长与分枝角

红脉扶芳藤

树种：扶芳藤
类别：品种
通过类别：审定
学名：*Euonymus fortunei* 'Hongmai'
编号：国 S-SV-EF-012-2004
申请人（单位）：北京市农林科学院林业果树研究所

品种特性

匍匐生长。叶椭圆形，夏季叶色为深绿色，嫩枝及新叶在秋季为淡黄色，10 月中下旬开始变红，随温度降低，颜色逐渐加深，冬季叶脉鲜红色，明显清晰。第 2 年 3 月初开始萌芽，老叶于 2 月底开始返青，持续到 5 月上旬，叶片最长保留时间可达 3 年。

栽培技术要点

土壤化冻后至土壤封冻前均可栽植；在水土流失严重的地段或斜坡面栽植密度以株行距 50cm × 50cm 为宜，其他情况可适当调整；裸根栽植后应适当浇水。防治蚜虫。

适宜种植范围

东北西南部、华北地区、西北大部、北京以南地区、新疆克拉玛依及生态相似地区。

1. 冬季叶色
2. 冬态枝条
3. 夏季生长状

宽瓣扶芳藤

树种：扶芳藤
类别：品种
通过类别：审定
学名：*Euonymus fortunei* 'Kuanban'
编号：国 S-SV-EF-013-2004
申请人（单位）：北京市农林科学院林业果树研究所

品种特性

直立攀缘生长。叶阔椭圆形，夏季叶色为深绿色，10 月下旬叶片逐渐变灰绿，随温度降低，颜色逐渐加深，全冬季为灰绿色。翌年 2 月下旬开始萌芽，老叶开始返青，到 3 月上旬，老叶片恢复绿色；有些叶片最长保留时间可达 3 年。

栽培技术要点

土壤化冻后至土壤封冻前均可栽植；在水土流失严重的地段或斜坡面栽植密度以株行距 50cm × 50cm 为宜，其他情况可适当调整；裸根栽植后应适当浇水。防治蚜虫。

适宜种植范围

东北西南部、华北地区、西北大部、北京以南地区、新疆克拉玛依及生态相似地区。

1	2
3	4

1. 果和种子
2. 发育和果实
3. 夏季生长状
4. 冬态

吉塞拉 5 号

树种：樱桃
类别：品种
通过类别：审定
学名：*Prunus cerasus* × *P. canescens* 'Jisaila 5'
编号：国 S-SV-PCP-014-2004
申请人（单位）：刘庆忠

品种特性

与砧木'马扎德'相比，树体高度为'马扎德'的 45%~70%；产量比'马扎德'高 20%~120%；可提早 3 年收回所有投资；果实均大于'马扎德'。

栽培技术要点

纺锤形修剪，配合适当的修剪手法和 PP333 化学控制。小冠疏层形，前期冬季重短截，采用摘心、环剥培养中、长果枝腋花芽，配以摘心和环剥。良种良砧配套，起垄栽植，果园覆草，合理施肥，适时灌水，病虫防治。

适宜种植范围

山东、河北、辽宁。

1	2
3	4

1. 组培苗生根状况
2. 组培苗大田移栽成活情况
3. 3 年生树结果状
4. 砧木建园情况

吉塞拉 6 号

树种：樱桃
类别：品种
通过类别：审定
学名：*Prunus cerasus* × *P. canescens* 'Jisaila 6'
编号：国 S-SV-PCP-015-2004
申请人（单位）：刘庆忠

品种特性

与砧木‘马扎德’相比，树体高度为‘马扎德’的 45%~70%；产量比‘马扎德’高 20%~120%；可提早 3 年收回所有投资；果实均大于‘马扎德’。

栽培技术要点

纺锤形修剪，配合适当的修剪手法和 PP333 化学控制。小冠疏层形，前期冬季重短截，采用摘心、环剥培养中、长果枝腋花芽，配以摘心和环剥。良种良砧配套，起垄栽植，果园覆草，合理施肥，适时灌水，病虫防治。

适宜种植范围

山东、河北、辽宁。

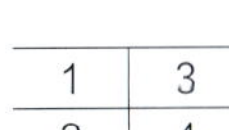

1	3
2	4

1. 离体叶片再生状况
2. 果实（说明：虽为三倍体但是吉塞拉 6 号可结极少量果实）
3. 4 年生树结果状
4. 建园情况

双喜红

树种： 桃
类别： 品种
通过类别： 审定
学名： *Prunus persica* 'Shuangxihong'
编号： 国 S-SV-PP-016-2004
申请人（单位）： 中国农业科学院郑州果树研究所

品种特性

果实圆形，果形正，果顶平、果尖凹入，成熟状态一致。平均单果重 170g，最大单果重 250g。果皮光滑无毛，底色乳黄，果面 75%~100% 着鲜红色—浓红色，果皮不易剥离；果肉黄色，红色素少，肉质硬溶。果实风味浓甜，可溶性固形物 12.5%，可溶性糖 10.01%，可滴定酸 0.48%，维生素 C 8.8mg/100g，果核浅棕色，半离核。

树势中庸，萌芽力和成枝力均较强。长、中、短果枝的比例分别为 26.5%、28.4%、34.8%；复花芽居多，占 41.4%，花芽起始结位为第 3 节；幼树以中、长果枝结果为主，进入盛果期后，各类果枝均能结果；自花结实率较'曙光'好。

树姿较开张，节间长度 2.22cm。叶片呈长椭圆披针形，秋叶色的叶脉呈红色。花为铃型，雌蕊高于雄蕊或等高，花粉多，萼筒内壁色橙黄；花药色橙红。

郑州地区 2 月下旬叶芽膨大，3 月底盛花初期，果实成熟期 6 月 25~28 日，果实生育期 85 天左右；生育期 240 天左右；需冷量 650h。

栽培技术要点

可以适当晚采（即可达到树上成熟），以达到理想的果实大小和品质。加强有机肥的施入以挖掘果实大小潜力并提高品质。

适宜种植范围

河南、山西、山东、河北、北京、天津及安徽、江苏北部地区。

1		
2	3	4

1. 果实及果实剖面
2. 花
3. 花药
4. 结果枝

七月酥

树种：梨
类别：品种
通过类别：审定
学名：*Pyrus pyrifolia* 'Qiyuesu'
编号：国 S-SV-PP-017-2004
申请人（单位）：中国农业科学院郑州果树研究所

品种特性

树势强健，幼树生长旺盛，直立性强，分枝少，成枝力较弱，萌芽率高达 73.0%；2~3 年始果，盛果期树势渐缓，大量形成中短枝，以短果枝结果为主；花量大，座果率高，较丰产稳产，没有大小年结果现象；果实黄绿色，卵圆形，大小整齐，商品性好，室温下可储放 10~15 天。

果实 7 月初成熟，单果重 220g。可溶性固形物 12.5%，总糖 9.08%，总酸 0.10%，维生素 C 5.22mg/100g。品质极上。6 年生树产量达 2100kg/亩，累计产量为 3400kg/亩。分别为对照'早酥'、'幸水'和'新世纪'产量的 97.1%、130.3% 和 149.8%。

栽培技术要点

栽植密度 55~111 株/亩，株行距（2~3）m×（3~4）m。幼树期拉枝、短截和刻芽，必要时环割，增加分枝，缓合生长势，促进早结果；盛果期加施磷、钾肥和硼肥，还要疏花疏果，每花序留 1~2 个果。注意适时采收，防治鸟害。授粉品种有'早酥'、'新世纪'、'早美酥'和'中梨 1 号'等。

适宜种植范围

长江中下游、黄淮海地区和西北干旱地区等土壤 pH6.5~7.6，年降水量 950~350mm，年均气温 12.5~15.5℃，最低温度 -25℃以上地区。

1. 果枝
2. 果实

金球桂（波缘金桂）

树种：桂花
类别：品种
通过类别：审定
学名：*Osmanthus fragrans* 'Jinqiu'
编号：国 S-SV-OF-018-2004
申请人（单位）：占招娣

品种特性

树冠呈圆球形，大枝挺拔，小枝伸展方向不一，树枝相当紧密，树形丰满美观。树皮青灰或暗灰色；皮孔稀疏，呈椭圆形，隆起不明显，棕红色，每 20cm^2 标准样方有 4~5 个。叶片对生，偶见有放射状 3 叶轮生；叶革质，有光泽；嫩叶紫红色，渐转淡绿色，成年叶深绿色；叶片呈椭圆至长椭圆形，叶面光滑、不平整，叶背面淡绿色，有时呈泛青白光泽；叶平均长 11.6cm、宽 4.2cm，长宽比 2.8；一般具侧脉 7~11 对，侧脉与网脉均较明显，叶正面叶脉较平、背面叶脉明显；同一株树叶缘有的稀锯齿，有的叶缘无齿；叶缘基本全绿，波状起状一般，反曲明显；叶尖短尖或长尖；叶基锲形；叶柄黄绿色，较粗状，长 12~19mm。

'金球桂'的香精含量为 0.18%，比一般品种桂花的香精含量要高 15%，一般品种桂花的香精含量为 0.16%。

栽培技术要点

与其他品种桂花同。

适宜种植范围

长江流域海拔 500m 以下地区，华南海拔 800m 以下地区。

1	2
3	4

1. 叶
2. 花枝
3. 开花状
4. 树形

状元红（朱砂丹桂）

树种：桂花　　学名：*Osmanthus fragrans* 'Zhuangyuanhong'
类别：品种　　编号：国 S-SV-OF-019-2004
通过类别：审定　　申请人（单位）：占招娣

品种特性

树冠呈球形，分枝较多，内膛比较丰满。树皮浅灰色；皮孔圆形或椭圆形，较隆起，棕红色，数量较多，每 $20cm^2$ 标准样方分布 6~8 个。叶片对生，革质较厚；成年叶墨绿色，略有光泽；叶片披针状长椭圆形，平均长 11.5cm、宽 3.5cm，长宽比 3.2；一般具侧脉 8~13 对，侧脉与网脉较明显；叶缘基本全绿，偶先端有疏齿，基本平直，但反曲明显；叶尖短尖或长尖，且先端反曲；叶基锲形；叶柄黄绿色，长 9~14mm。

栽培技术要点

与其他品种桂花同。

适宜种植范围

浙江海拔 500m 以下，地下水位 50cm 以下，pH5.5~6.5（pH 不超过 7.2），土层深厚肥沃地区。

1	2
3	4

1. 叶
2. 开花状
3. 花枝
4. 片林

玉环柚（楚门文旦）

树种：柚
类别：品种
通过类别：审定

学名：*Gitrus granelis* 'Yuhuan'
编号：国 S-SV-CG-020-2004
申请人（单位）：浙江省玉环县文旦研究所、玉环县林业技术推广站

品种特性

7 年生平均单果重 1370（1000~2500）g；7 年生每亩栽 40 株的果园，平均株产 57kg，亩产 2280kg。果实可溶性固形物 11.2%，总糖 10.95m/100mL，总酸 1.8mg/100mL，糖酸比 10∶1，维生素 C 53.11g/100mL，风味上乘，色香俱全，香气浓。

栽培技术要点

园地坡度 20°以下，海拔 200m 以下，海涂地地下水平 60m 以下，土壤含盐量＜0.1%，每亩定植 40 株左右，挖大穴，疏花疏蕾，整形修剪使树冠呈开心形，10 月下旬适时采收。

适宜种植范围

浙江玉环县。

1. 结果树
2. 叶片
3. 挂果
4. 果实及果实剖面
5. 花
6. 山地成年果园

1	2
1	3
4	6
5	6

廊坊杨 1 号

树种： 美洲黑杨 ×（美洲黑杨 + 钻天杨）
学名： *Populus deltoids* × (*P. deltoids* + *P. nigra var. italica*) 'Langfang 1'
类别： 无性系
编号： 国 S-SC-PD-003-2004
通过类别： 审定
申请人（单位）： 河北省廊坊市农林科学院

品种特性

6 年生年均胸径生长量 4.4cm，年均高生长量 3.0m，年均材积生长量 0.0565m^3；木材基本密度 0.379g/cm^3，纤维长度 1.0638mm；胶合板测试，胶合强度 83%，含水率 6%。

栽培技术要点

适宜有水肥条件的砂壤土，株行距 4m×4m。造林前苗木根系要保湿，根部浸泡（根际以上 20~30cm）48~72h。栽植时间 3 月下旬至 4 月上旬，栽植时苗木放正，使根系舒展，不窝根，成活前保证水分供应。

适宜种植范围

京、津、冀海拔 500m 以下地区，辽宁北宁市、内蒙古包头市、甘肃金昌市及新疆哈密等相似生态区。

廊坊杨 2 号

树种： 美洲黑杨
学名： *Populus deltoids* 'Langfang 2'
类别： 无性系
编号： 国 S-SC-PD-004-2004
通过类别： 审定
申请人（单位）： 河北省廊坊市农林科学院

品种特性

无严重病虫害，抗光肩星天牛危害。6 年生林木年均胸径生长量 4.5cm，年均高生长量 3.0m，年均材积生长量 0.0585m^3；木材基本密度 0.410g/cm^3，纤维长度 1.0875mm；胶合板测试，胶合强度为 83%，含水率 6%，达到 GB 9846—1988 的标准要求。

栽培技术要点

有水肥条件的砂壤土，株行距 4m×4m。造林前苗木根系要保湿，根部浸泡（根际以上 20~30cm）48~72h。栽植时间 3 月下旬至 4 月上旬，栽植时苗木放正，使根系舒展，不窝根，成活前保证水分供应。

适宜种植范围

冀北山地海拔 800m 以上地区，燕山地区、太行山区、内蒙古南部，甘肃东南部等地区。

廊坊杨 3 号

树种： 美洲黑杨 ×（小叶杨 × 钻天杨 + 白榆）
学名： *Populus deltoids* × (*P. simonii*×*P. nigra* var. *italica*+*Ulmus pumila*) 'Langfang 3'
类别： 无性系
编号： 国 S-SC-PD-005-2004
通过类别： 审定
申请人（单位）： 河北省廊坊市农林科学院

品种特性

无严重病虫害，抗光肩星天牛危害。6 年生林木年均胸径生长量 4.3cm，年均高生长量 3.0m，年均材积生长量 0.0544m^3；木材基本密度 0.344g/cm^3，纤维长度 1.2292mm，在 3 个品系中为最长，纤维长变幅 1.0628~1.3956mm；1 年生苗木纤维长度：皮 1.57mm，干 0.88mm，长宽比 62.85，是优良的造纸原材料。幼龄廊坊杨 3 号不经剥皮全杆（KP+AQ 法）制浆，浆的白度和强度都达到行业标准（QB/T 1678—1993）By-A 级。

栽培技术要点

有水肥条件的砂壤土，株行距 4m×4m，造林前苗木根系要保湿，根部浸泡（根际以上 20~30cm）48~72h。栽植时间 3 月下旬至 4 月上旬，栽植时苗木放正，使根系舒展，不窝根，成活前保证水分供应。

适宜种植范围

冀北山地海拔 800m 以上地区，燕山地区、太行山区、内蒙古南部，甘肃东南部等地区。

2005年

林木良种名录

Catalog of improved varieties of forest trees

罗田垂枝杉

树种： 杉木
类别： 优良品种
通过类别： 审定
学名： *Cunninghamia lanceolata*
编号： 国 S-SV-CL-001-2005
申请人（单位）： 许业洲

品种特性

树冠窄小，呈尖塔形，冠幅一般为 1.5m 左右；枝条短细，2~3 年以上老枝自然下垂，与主干交角达 150°左右，6~7 年生时自然脱落。中幼林冠高比为 1∶2，20 年时冠高比约为 1∶3。有生长快、干形通直、材质优良等特性。以当地黄杉为对照，胸径、树高和单株材积增益分别为 6.1%、19.2%、10.2%。

栽培技术要点

宜密植。限定无性方式繁殖推广，栽培技术同一般杉木。

适宜种植范围

湖北同类型杉木栽培区。

1	2	3
4	5	6

1. 幼树萌芽
2. 果枝与球果
3. 树梢与侧枝
4. 侧枝自然枯死脱落
5. 干形圆满通直无节痕
6. 冠高比小

南川杉木 1.5 代种子园种子

树种： 杉木
类别： 种子园种子
通过类别： 审定
学名： *Cunninghamia lanceolata*
编号： 国 S-SSO（1.5）-CL-002-2005
申请人（单位）： 重庆南川市林木良种场

品种特性

易繁殖，速生，干形通直、圆满，成材期早，抗逆性良好。木材纹理通直，结构均匀，早、晚材界限不明显，木材耐腐力强。种子千粒重为 8.5g，发芽率 35%~45%，遗传增益 10% 以上。

栽培技术要点

按杉木常规造林技术要求栽植，穴植。初植密度控制在 2m×2m 左右。郁闭后按杉木经营方案进行抚育间伐。

适宜种植范围

重庆、贵州北部与四川邻近地区、四川东部等丘陵山地杉木栽培立地。

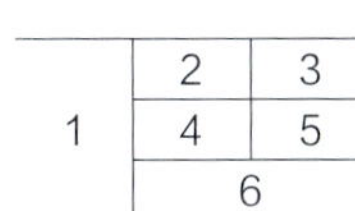

1. 种子园
2. 球果
3. 种子处理
4. 种子
5. 良种苗
6. 雌花与雄花

金翠蕾

树种：灰粘毛忍冬
类别：优良品种
通过类别：审定
学名：*Lonicera macranthoides* 'Jincuilei'
编号：国 S-SV-LM-003-2005
申请人（单位）：王晓明

品种特性

树形圆头形，树枝开张，生长势旺盛。当年生新枝红色，近无毛，老枝褐色。叶革质，长椭圆形或长卵形，先端渐尖，基部浅心形或圆形。花冠不开裂，平均 30 朵聚合成伞状花序或团状花序；花萼绿色，萼筒无毛。花期 15~25 天，千花蕾干重 17.62g，出干花率 24.01%。定植 4~5 年，干花产量 250~350kg/ 亩。干花绿原酸含量 5.92%。

栽培技术要点

选择向阳、土层较深厚、排水良好的砂质土壤栽培，每亩施堆肥或秸秆 4000~5000kg 或钙镁磷肥 150~300kg，株行距 2m×（2~2.5）m。晚秋或早冬栽植为宜，根系蘸泥浆可提高成活率。

适宜种植范围

湖南、湖北、江西、河南。

1	2
3	4

1. 开花状
2. 3 年生树开花状
3. 5 年生树开花状
4. 丰产示范园

银翠蕾

树种：灰粘毛忍冬
类别：优良品种
通过类别：审定
学名：*Lonicera macranthoides* 'Yincuilei'
编号：国 S-SV-LM-004-2005
申请人（单位）：王晓明

品种特性

树形为伞形，树姿开张，生长势旺盛。当年生新枝浅红色，近无毛，老枝红褐色。叶革质，表面略有皱纹，长椭圆形或长卵形，先端渐尖，基部浅心形或圆形。花冠不开裂，平均 31 朵聚合成伞状花序或团状花序，1~3 簇生于叶腋或枝顶上，花萼绿色，萼筒无毛。花期 15~25 天，千花蕾干重 14.21g，出干花率 23.12%。定植 4~5 年，干花产量 200~300kg/ 亩。干花绿原酸含量 5.83%。

栽培技术要点

选择向阳、土层较深厚、排水良好的砂质土壤栽培，每亩施堆肥或秸秆 4000~5000kg 或钙镁磷肥 150~300kg，株行距 2m×（2~2.5）m。晚秋或早冬栽植为宜，根系蘸泥浆可提高成活率。

适宜种植范围

湖南、湖北、江西、河南。

1	2
3	4

1. 开花状
2. 3 年生树开花状
3. 5 年生树开花状
4. 示范基地一角

罗蓝紫

树种： 丁香
类别： 优良品种
通过类别： 审定
学名： *Syringa oblata* × *S. vulgaris* 'Luolanzi'
编号： 国 S-SV-SO-005-2005
申请人（单位）： 石雷

品种特性

花色暗紫，重瓣 2~3 层，单花直径 2cm，花序紧凑。长势旺盛、不抽条、抗高温和干旱等特点。北京地区 3 月上旬萌芽，单花花期 3~4 天，群体花期 14~16 天。10 月上旬至 11 月上旬落叶。

栽培技术要点

嫁接苗栽植，株行距 80cm × 80cm。为促进幼苗生长，6~7 月间按 30~40kg/ 亩施复合肥 1~2 次，施肥后灌水，3 月的萌动水和 11 月初的冻水是重要的水分保证。

适宜种植范围

辽宁、北京、内蒙古等地。

花

香雪

树种：丁香
类别：优良品种
通过类别：审定
学名：*Syringa oblata* × *S. vulgaris* 'Xiangxue'
编号：国 S-SV-SO-006-2005
申请人（单位）：石雷

品种特性

树型紧凑，树势健壮，生长势同母本，分枝多。花色纯白，重瓣 2~3 层，单花较大。单花花期 3~4 天，群体花期 14~16 天。10 月下旬至 11 月上旬落叶。

栽培技术要点

嫁接苗栽植，株行距 80cm × 80cm。为促进幼苗生长，6~7 月间按 30~40kg/ 亩施复合肥 1~2 次，施肥后灌水，3 月的萌动水和 11 月初的冻水是重要的水分保证。

适宜种植范围

辽宁、北京、内蒙古地区。

花

乌兰沙林

树种：沙棘

学名：*Hippohae rhamnoides* subsp. *mongolica* 'Wulanshalin'

类别：无性系

编号：国 S-SC-HR-007-2005

通过类别：审定

申请人（单位）：黄铨

品种特性

灌木状，树高 2~2.5m，树冠椭圆形；果卵圆形，深橘红色，顶有红晕；果实纵径 1.1~1.4cm，横径 0.8~1.0cm。萌蘖能力强，萌蘖系数高达12，耐大气干旱，耐瘠薄土壤。无刺或极少有刺，平均百粒果重 52g，产果量达 15t/hm^2，风干果脂肪 4.6%，总黄酮 72.48mg/100g，总氨基酸 280.75mg/100g，维生素 E 7.4mg/100g，β - 胡萝卜素 24.42mg/100g。

栽培技术要点

栽植穴规格 40cm × 40cm × 40cm。行距 4m，株距 2m 便于机械化采收，造林当年和第 2 年要抚育，干旱地区要适当灌水。

适宜种植范围

内蒙古、宁夏、黑龙江、辽宁、山西、陕西、新疆地区。

1. 结果状
2. 结果枝
3. 果实

蒙中杂交种

树种： 蒙古沙棘 × 中国沙棘
学名： *Hippohae rhamnoides* subsp. *mongolica* × subsp. *sinensis* 'Mengzhong Hybrid'
类别： 无性系
编号： 国 S-SC-HR-008-2005
通过类别： 审定
申请人（单位）： 黄铨

品种特性

生长旺盛，主干型亚乔木或大灌木，性状特征总体为双亲综合性状，但在生长上侧重中国沙棘，结实上侧重蒙古沙棘。果橘黄色，圆形、近卵圆形，圆形为主，大小界于亲本之间，高产。平均百粒果重 36.8g，平均单株产量为 4.5kg，总黄酮 36.44mg/100g，维生素 E 0.72mg/100g，β-胡萝卜素 0.94mg/100g，含酸量达 10.57%。

栽培技术要点

1 年生实生苗栽植，株行距 1m × 3m 或 1.5m × 3m。雌雄可辨后，除去部分雄株，提高单位面积产量。植穴规格 30cm × 30cm × 40cm，注意不要窝根。

适宜种植范围

内蒙古、宁夏、黑龙江、辽宁、山西、陕西、甘肃、新疆地区。

1. 结果状
2. 片林

无刺雄

树种：沙棘
类别：无性系
通过类别：审定
学名：*Hippohae rhamnoides* subsp. *sinensis* 'Wucixiong'
编号：国 S-SC-HR-009-2005
申请人（单位）：黄铨

品种特性

无刺，生长旺盛，花芽饱满充实，散粉量大，树冠常较其他配伍雌株高出 20cm，且花期与多个栽培品种相一致，是一理想的配伍雄株。

栽培技术要点

采用植苗造林法，在建立沙棘园或沙棘杂交种子园时，作为配伍雄株，栽培技术无特殊要求，栽植量为全留量的 1/8 即可。用于建立饲料林时，株行距可用宽窄行的办法，窄行间距 1.5m，宽行间距 3~2.5m，两窄行一宽行种植。

适宜种植范围

内蒙古、黑龙江、辽宁、新疆地区。

生长状

中梨 1 号

树种：梨　　学名：*Pyrus pyrifolia* × *P. bretschneideri* 'Zhongli 1'
类别：优良品种　　编号：国 S-SV-PP-010-2005
通过类别：审定　　申请人（单位）：李秀根

品种特性

果实大，平均单果重 250g，最大单果重 500g，丰产期亩产 4000kg。果近圆或扁圆形，绿色，肉质细嫩，石细胞少，汁多，风味香甜可口，可溶性固形物 12%~13.5%。植株生长势旺，萌芽率高，成枝力中等；抗逆性强，栽培管理方便。

栽培技术要点

株行距 2m×（4~5）m，配置'红香酥'、'圆黄'、'新世纪'等为授粉树。幼树轻剪长放，采取疏散分层形或纺锤形树形。做好疏花疏果，加强水肥管理，做好病虫害防治，多雨地区注意防治斑点落叶病。

适宜种植范围

四川、河北、山东、陕西、河南。

1	3
2	

1. 结果状
2. 3 年生树结果状
3. 结果枝

桂无 2 号

树种： 油茶
类别： 无性系
通过类别： 审定
学名： *Camellia oleifera* 'Guiwu 2'
编号： 国 S-SC-CO-011-2005
申请人（单位）： 马锦林

品种特性

早实、丰产、油质好、抗逆性强、适应性广。4 年平均产油量 798.57kg/hm^2，鲜出籽率 47%，干出籽率 27%，种仁含油率 53.6%。

栽培技术要点

用苗高 30cm 以上、地径 0.3cm 以上的嫁接苗造林，株行距 2m×3m，在 15°以下红壤或红黄壤立地上造林。

适宜种植范围

广西、湖南、江西等地油茶产区。

1	3
2	4

1. 幼树
2. 花
3. 芽
4. 结果树

桂无 3 号

树种： 油茶
类别： 无性系
通过类别： 审定
学名： *Camellia oleifera* 'Guiwu 3'
编号： 国 S-SC-CO-012-2005
申请人（单位）： 马锦林

品种特性

早实、丰产、油质好、抗逆性强、适应性广。4 年平均产油量 798.75kg/hm^2，鲜出籽率 51%，干出籽率 28.5%，种仁含油率 54.73%。

栽培技术要点

用苗高 30cm 以上、地径 0.3cm 以上的嫁接苗造林，株行距 2m × 3m，在 15°以下红壤或红黄壤立地上造林。

适宜种植范围

广西、湖南、江西等地油茶产区。

1. 花
2. 花与花芽
3. 幼树
4. 结果树

桂无 5 号

树种：油茶　　学名：*Camellia oleifera* 'Guiwu 5'
类别：无性系　　编号：国 S-SC-CO-013-2005
通过类别：审定　　申请人（单位）：马锦林

品种特性

早实、丰产、油质好、抗逆性强、适应性广。4 年平均产油量 650.47kg/hm^2，鲜出籽率 49.5%，干出籽率 26.3%，种仁含油率 51.32%。

栽培技术要点

用苗高 30cm 以上、地径 0.3cm 以上的嫁接苗造林，株行距 2m × 3m，在 15°以下红壤或红黄壤立地上造林。

适宜种植范围

广西、湖南、江西等地油茶产区。

1. 花
2. 花芽
3. 幼树
4. 结果树

1	2
3	4

桂皱 1 号

树种： 千年桐
类别： 无性系
通过类别： 审定
学名： *Vernicia montana* 'Guizhou 1'
审定编号： 国 S-SC-VM-014-2005
申请人（单位）： 马锦林

品种特性

结实早、产量高、适应性广、抗逆性强。成年树高 7~8m，主枝 4~5 轮；树冠广卵形或伞形；果丛生，通常 4~8 个果一丛。进入盛产期连续 5 年平均每亩桐籽产量 104kg。气干果平均重 26.3g，气干出籽率 41.8%，气干出仁率 60.4%，绝干桐仁含油率 61.2%。

栽培技术要点

用 1 年生嫁接苗，选海拔低于 600m 的土层深厚、肥沃、疏松、排水良好的砂质壤土造林。造林株行距 4m × 4m，施足基肥，加强管理，及时防治病虫害。

适宜种植范围

广西南部、广东南部、海南、福建东部、浙江南部。

1	3
2	

1. 叶
2. 果
3. 幼树

桂皱 27 号

树种：千年桐
类别：无性系
通过类别：审定
学名：*Vernicia montana* ‘Guizhou 27’
审定编号：国 S-SC-VM-015-2005
申请人（单位）：马锦林

品种特性

结实早、产量高、适应性广、抗逆性强。成年树高 7~8m，主枝 4~5 轮；树冠广卵形或伞形；果丛生，通常 4~8 个果一丛。进入盛产期连续 5 年平均每亩桐籽产量 144kg。气干果平均重 20.7g，气干出籽率 47.7%，气干出仁率 56.9%，绝干桐仁含油率 58.9%。

栽培技术要点

用 1 年生嫁接苗，选海拔低于 600m 的土层深厚、肥沃、疏松、排水良好的砂质壤土造林。造林株行距 4m×4m，施足基肥，加强管理，及时防治病虫害。

适宜种植范围

广西南部、广东南部、海南、福建东部、浙江南部。

1. 果实
2. 果枝
3. 单株

金早

树种：猕猴桃
类别：优良品种
通过类别：审定
学名：*Actinidia chinensis* 'Jinzao'
编号：国 S-SV-AC-016-2005
申请人（单位）：黄宏文

品种特性

始果早，成枝率及花枝率均高，雌花着生节位低，长势中庸，宜密植。果形整齐美观，品质佳，早熟品种，果熟期 8 月中旬。平均单果重 102g，最大单果重 159g。维生素 C 107~124mg/100g，氨基酸 0.696%，硬度 14.8kg/cm^2，总酸 15.4g/kg，可溶性固形物 12.6%，总糖 5.08%，第 5 年后盛果期亩产 1031kg。

栽培技术要点

适宜密植，每亩 74 株。轻度修剪，剪去病虫枝、交叉枝。雌雄比（6~8）: 1。磨山 4 号作授粉雄株。

适宜种植范围

云南、广东、河南、江西、湖北海拔 500~1400m 山区、丘陵地区。

1	
2	3
4	5

1. 结果状
2. 果实及横剖面
3. 枝条
4. 新梢及蕾
5. 花

金霞

树种： 猕猴桃
类别： 优良品种
通过类别： 审定
学名： *Actinidia. chinensis* 'Jinxia'
编号： 国 S-SV-AC-017-2005
申请人（单位）： 黄宏文

品种特性

结果早，成枝率及花枝率均高，雌花着生节位低，长势中庸，宜密植。果形整齐美观，品质佳，早熟品种，果熟期 8 月中旬。栽后第 2 年开花结果占 60%，株产 2.4kg。平均单果重 80g，最大果重 134g，最高单株产量 100kg 以上，最高亩产 3000kg 以上。维生素 C 93~110mg/100g，可溶性固形物 15%，总糖 7.4%，酸 0.95%，总氨基酸 0.603%。

栽培技术要点

适宜密植，每亩 74 株。轻度修剪，剪去病虫枝、交叉枝。雌雄比（6~8）:1。磨山 4 号作授粉雄株。

适宜种植范围

福建、广东、河南、云南、江西、湖南、湖北海拔 500~1400m 山区、丘陵地区。

1	2
3	

1. 冬芽萌动
2. 果实及纵横剖面
3. 结果状

金桃

树种：猕猴桃
类别：优良品种
通过类别：审定
学名：*Actinidia chinensis* 'Jintao'
编号：国 S-SV-AC-018-2005
申请人（单位）：黄宏文

品种特性

始果早，成枝率及花枝率均高，雌花着生节位低，长势中庸，宜密植。果形整齐美观，品质佳，早熟品种，果熟期 8 月中旬。平均单果重 82g，最大单果重 121g。可溶性固形物 18%~21.5%，总糖 9.1%~11.1%，维生素 C 121~197mg/100g。特耐储。

栽培技术要点

适宜密植，每亩 74 株。轻度修剪，剪去病虫枝、交叉枝。雌雄比（6~8）: 1。磨山 4 号作授粉雄株。

适宜种植范围

云南、湖北、福建、广东、江西海拔 500~1400m 山区、丘陵地区。

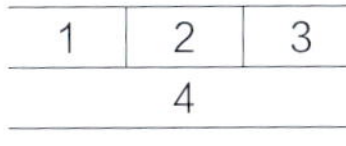

1. 果实纵横剖面
2. 冬芽
3. 开花状
4. 结果状

岱红甜樱桃

树种：樱桃
学名：*Cerasus avium* 'Daihong'
类别：优良品种
编号：国 S-SV-CA-019-2005
通过类别：审定
申请人（单位）：姜远茂

品种特性

嫁接繁殖。果实成熟早，为早熟甜樱桃品种。单果重 10.6g，最大单果重 14.3g，为圆心形，果皮鲜红至紫红色，富光泽，果肉粉红色，近核处紫红色；果肉半硬，味甜适口，可溶性固形物 14.8%；核小，核重 0.3~0.5g，离核，可食部分达 94.9%。花朵自然座果率 54.6%，花序座果率 118.6%。高接在 2 年生大窝搂叶上 4 年生的'岱红'甜樱桃，平均坐果数为 1247 个果，平均单果重 9.85g，平均株产 12.3kg，4 年生平均亩产 1020.9kg。

栽培技术要点

授粉树采用目前主栽的'早大果'、'雷尼尔'、'抉择'、'先锋'、'美早'等。山地株行距 2m×（3~4）m，平原 3m×（4~5）m。树形以纺锤形为佳，也可采用丛状形、自然开心形等，土、肥、水管理和整形修剪同其他甜樱桃。

适宜种植范围

山东中南部、山东西部地区以及渤海湾等樱桃产区。

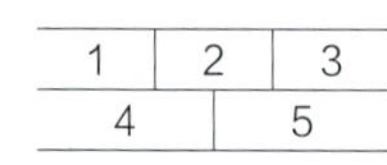

1. 丰产状
2. 果实
3. 花
4. 幼树
5. 母树

九叶青花椒

树种：花椒
类别：优良品种
通过类别：审定

学名：*Zanthoxylum armatum* 'Jiuyeqing'
编号：国 S-SV-ZA-020-2005
申请人（单位）：许定中

品种特性

根系发达，适应性强，对土壤要求不严，耐干旱瘠薄；生长旺盛，结实早，产量高，栽培管理方便；品质好，营养丰富，麻味香味浓郁，色泽佳；不耐涝和低温；花和幼果忌风。亩产干椒可达到并稳定在100kg以上，单株干椒产量可达3kg以上。精油含量9.4%，精油中芳樟醇含量50%~60%。

栽培技术要点

大穴（60cm×60cm×50cm）栽植。5~6月或11~12月定植，60~80cm时定干。挂果前主施氮肥，配施磷肥，挂果后氮、磷、钾配合施用，防治病虫害。

适宜种植范围

重庆花椒栽植区。

1、2. 花椒基地（近景）
3. 挂果单株
4. 花椒矮化技术
5. 良种育苗基地
6. 丰产状

1	2
3	4
5	6

林 木 良 种 名 录

atalog of improved varieties of forest trees

2006

青衣童子

树种：佛手
类别：无性系
通过类别：审定
学名：*Citrus medica* 'Qingyitongzi'
编号：国 S-SC-CM-008-2006
申请人（单位）：浙江省森禾种业股份有限公司

品种特性

果型优美，芳香特浓。幼叶绿色，茎秆皮青色，花白色，果实成熟时金黄色，顶部裂纹明显。地栽产果，年产量每株 10~15 个果，平均单果重 0.5kg，每公顷 11250~22500kg；盆栽作盆景，每株 4~6 个果，单果重 0.2~0.3kg。果实干片还可入药，花和叶也可入药；深加工为佛手酒、佛手茶、果脯和香精。

栽培技术要点

地栽以产果为目的时，选择砂质壤土种植，采用深沟高畦，畦宽 2m，株行距（1.5~2.0）m×（1.0~1.5）m，每畦 2 条纵行，植株交错种植，每公顷 2250~3000 株，提早疏花疏果，抹芽控梢，提高产量。10 月中旬搭建塑料大棚，严冬季节确保棚内温度 5℃以上，冬季不施肥，保持适当干燥，以利花芽分化。

盆栽选择 2 年生壮苗入盆，长至高 15~20cm 时截干，抹去以下的全部分枝，选择顶部健壮新芽，培育成斜角较大的一级分枝 3~4 个，翌年 4 月选择结果母枝，盆景开花结果后，每株留果 3~6 只，尽量保留腋生果，不留顶生果。

适宜种植范围

浙江、江西及其环境条件相似地区。

1、2. 果实
3. 盆栽
4. 无性系良种

1	3
2	4

白衣秀士

树种： 佛手
类别： 无性系
通过类别： 审定
学名： *Citrus medica* 'Baiyixiushi'
编号： 国 S-SC-CM-009-2006
申请人（单位）： 浙江省森禾种业股份有限公司

品种特性

果型优美，芳香特浓。幼叶绿色，茎秆皮灰白色，花白色，果实成熟时金黄色，顶部裂纹明显。年产量每株 10~15 个果，平均单果重 0. 5kg。特别适合制作大中型佛手盆景，喜光喜温暖。果实干片可入药，花和叶也可入药；深加工为佛手酒、佛手茶、果脯和香精。

栽培技术要点

盆栽选择 2 年生壮苗，梅雨季节或 9 月中旬入盆，长至 15~20cm 时截干，抹去以下的全部分枝，选择健壮、分布均匀的侧芽 3~4 个，作为一级分枝，生长 4~5 个月后，将一级分枝截顶，将晚秋萌发的秋梢全部抹去，防止冻害，翌年 4 月春梢作为二级分枝，以此类推培养三级和四级分枝，制成中型盆景，株高 40~50cm，冠幅 25~35cm，平均每株结果 6~10 个；制成大型盆景，植株高 100~120cm，冠幅 60~80cm。3 月末施萌芽肥，5 月中旬施稳果肥，8 月中旬施壮果肥，12 月上旬施采果肥。提早疏花疏果，抹芽控梢，提高产量。4 月中旬或 6 月底现蕾期，涂抹 500mg/kg 的 IAA、IBA 于花梗上，幼果膨大期，在幼果上涂抹 100mg/kg 的 GA。10 月中旬搭建塑料大棚，严冬季节确保棚内温度 5℃以上，冬季不施肥，保持适当干燥，以利花芽分化。

适宜种植范围

浙江、江西及其环境条件相似地区。

1. 果实
2. 盆栽
3. 无性系良种

1	
2	3

赤金王子

树种：佛手
类别：无性系
通过类别：审定
学名：*Citrus medica* 'Chijinwangzi'
编号：国 S-SC-CM-010-2006
申请人（单位）：浙江省森禾种业股份有限公司

品种特性

果型优美，芳香特浓。幼叶、幼果和花都是紫红色，果实成熟时金黄色，顶部裂纹明显。年产量每株 10~15 个果，平均单果重 0.5kg，每公顷 11250~22500kg，以产果为主，也可制作佛手盆景。果实干片可入药，花和果也可入药；深加工为佛手酒、佛手茶、果脯和香精。

栽培技术要点

选择砂质壤土种植，采用深沟高畦，畦宽 2m，株行距（1.5~2.0）m×（1.0~1.5）m，每畦 2 条纵行，植株交错种植，每公顷 2250~3000 株。提早疏花疏果，抹芽控梢，提高产量。现蕾期，涂抹 500mg/kg 的 IAA、IBA 于花梗上，幼果膨大期，在幼果上涂抹 100mg/kg 的 GA。10 月中旬搭建塑料大棚，严冬季节确保棚内温度 5℃以上，冬季不施肥，保持适当干燥，以利花芽分化。

适宜种植范围

浙江、江西及其环境条件相似地区。

1. 果实
2. 花苞
3. 无性系良种

红罗宾

树种：红叶石楠	学名：*Photinia* × *fraseri* 'Red Robin'
类别：品种	编号：国 S-SV-PF-011-2006
通过类别：审定	申请人（单位）：郑勇平

品种特性

观赏期长，适应力较强，耐瘠薄，对土壤酸碱度适应性较强。单叶互生，老叶革质，叶表面深绿色具光泽，叶背面绿色，光滑无毛，叶椭圆状披针形或椭圆形。顶生伞房圆锥花序，长10~18cm，小花白色，径约0.85cm。花期4月上旬至5月上旬。梨果，红色，夏末成熟，可持续挂果到翌年春。一年有3次阶段性抽新梢，每次新梢和新叶鲜红。在日平均气温 -9.4℃条件下可以安全裸地越冬，是园林绿化中优良的彩叶植物。

栽培技术要点

根据不同园林应用形式，适时掌握剪顶时间和次数，注意剪顶高度。

适宜种植范围

长江中下游地区。

1. 庭院绿化应用
2. 嫩梢
3. 直干苗

湿地松家系 0-1027（湘 SF-01）

树种：湿地松
类别：家系
通过类别：审定
学名：*Pinus elliottii* '0-1027'
编号：国 S-SF-PE-012-2006
申请人（单位）：湖南省林业科学院

品种特性

10 年生树高年均生长量 0.87m，胸径年均生长量 1.94cm，种子千粒重 38g；木材密度 0.4697g/cm^3，纤维长度 3.5924mm，纤维素 47.4%。9 年生时每亩蓄积年平均生长量超过国家湿地松丰产林标准的 70% 以上。是优良的纸浆材树种。

栽培技术要点

栽植密度 1300~1500 株 / hm^2，穴施基肥，7~8 年间伐，13~16 年轮伐。

适宜种植范围

湖南立地指数在 12 级以上，海拔 300m 以下，年降水量 1000mm 以上的丘陵山地。

1	2
3	4

1. 雌花
2. 雄花
3. 示范林
4. 母树

湘林 1

树种：油茶
类别：无性系
通过类别：审定
学名：*Camellia oleifera* 'Xianglin 1'
编号：国 S-SC-CO-013-2006
申请人（单位）：湖南省林业科学院

品种特性

树体生长旺盛，树冠紧凑，平均冠幅产果量 1.161kg/m^2，鲜果大小为 26 个 /500g。鲜果出籽率 46.8%，干籽出仁率 52.07%，干籽含油率 35%，鲜果含油率 8.869%，连续 4 年平均亩产油量达 48.15kg。油质好，油酸、亚油酸含量达 88.81%。可用于食用植物油生产。

栽培技术要点

选择丘陵林地，带状或块状细致大穴整地。每亩 60~120 株，施足基肥，及时抚育、施肥。

适宜种植范围

南方油茶中心产区。

1. 花
2. 果
3. 结果母树

1	2
3	

湘林 104

树种： 油茶
类别： 无性系
通过类别： 审定
学名： *Camellia oleifera* 'Xianglin104'
编号： 国 S-SC-CO-014-2006
申请人（单位）： 湖南省林业科学院

品种特性

树体生长旺盛，树冠紧凑，平均冠幅产果量 1.37kg/m^2，果实青红，鲜果大小为 77 个 /500g。鲜出籽率 40.5%，干籽出仁率 66.61%，干仁含油率 49.56%，鲜果含油率 8.755%，连续 4 年平均亩产油量达 55.98kg。油质好，油酸、亚油酸含量达 90.21%。

栽培技术要点

选择丘陵林地，带状或块状细致大穴整地。每亩 60~120 株，施足基肥，及时抚育、施肥。

适宜种植范围

湖南北部、东北部、中部和广西北部、江西西部等寒露籽传统产区。

	1
2	3

1. 优良无性系
2. 果仁
3. 半同胞果

湘林 XLC15

树种：油茶
类别：无性系
通过类别：审定
学名：*Camellia oleifera* 'XianglinXLC15'
编号：国 S-SC-CO-015-2006
申请人（单位）：湖南省林业科学院

品种特性

树体生长旺盛，树冠紧凑。平均冠幅产果量 1.293kg/m^2，果实红球、橘形，鲜果大小为 19.7 个 /500g。鲜果出籽率 40%，鲜果含油率 5.81%，连续 4 年平均亩产油量达 37.57kg。油质好，油酸、亚油酸含量达 90.18%。

栽培技术要点

选择丘陵林地，带状或块状细致大穴整地。每亩 60~120 株，施足基肥，及时抚育、施肥。

适宜种植范围

南方油茶中心产区。

1	2
3	

1. 果和籽（茶陵 166）
2. 挂果
3. 挂果茶陵 166 换冠

磨山 4 号

树种：猕猴桃
类别：品种
通过类别：审定

学名：*Actinidia chinensis* 'Moshan4'
编号：国 S-SV-AC-016-2006
申请人（单位）：黄宏文

品种特性

花量大，花径大，花粉发芽率高，座果率高。花期长，作为‘金魁’和‘武植 3 号’的授粉品种座果率高，并且果重增加 35% 和 12.1%。

栽培技术要点

建园宜选 10° ~15° 坡度的山地、丘陵种植。地势较低的平原要在抽槽沟，上用砖砌成暗沟，并将定植带抬高高出地面 40cm。秋施基肥，花前花后追肥。雌雄株配比 8∶1。修剪以短截为主，疏枝为辅，花开后重新短截修剪。

适宜种植范围

湖北、山东、河南、江西、云南、福建等地中华猕猴桃种植区域。

1	2
3	5
4	

1. 枝及冬芽
2. 花蕾
3、5. 开花状
4. 花各部

东方明珠

树种：杨梅
类别：品种
通过类别：审定
学名：*Myrica rubra* 'Dongfangmingzhu'
编号：国 S-SV-MR-017-2006
申请人（单位）：浙江省森禾种业股份有限公司

品种特性

果大，多汁，味酸甜，较耐贮运。盛果期平均亩产 1200~2000kg，平均单果重 25.9g，最大单果重可达 57.5g。可在 pH4.5~5.0 的瘠薄土壤中栽培。除鲜食外，还可加工成蜜饯、果酒和果汁。

栽培技术要点

选择土壤肥沃的微酸性土壤，株行距 5m×5m，挖大穴定植，定植后加强肥水管理，采用圆头形树形，定干高 35~40cm，大枝修剪法修剪，盛果期注意上强下弱，剪除上部大枝，下部向外延伸。

适宜种植范围

浙江、安徽、江西、福建、湖南等地的低山和中山地。

1	2
3	4

1. 荸荠 2~5 号
2. 果实
3. 东魁 1~4 号
4. 树形

锦香

树种：桃
类别：品种
通过类别：审定
学名：*Prunus persica* 'Jinxiang'
编号：国 S-SV-PP-018-2006
申请人（单位）：上海市农业科学院

品种特性

果大，金黄色，耐贮运。定植后3年结果，盛果期亩产1500~2000kg。平均单果重193~208g，肉厚，核小，粘核。硬熟果可溶性固形物9.5%~11%；成熟果达10%~13%，可溶性糖10.2%，可滴定酸0.35%，维生素C 4.86mg/100g，单宁0.13mg/100g，除鲜食外，还可加工成罐头和制汁，做罐头块形好，汁液清，色卡7级。

栽培技术要点

'锦香'无花粉，需配置授粉树或人工授粉。深沟高畦种植，幼树生长旺，易徒长，修剪宜轻，合理留果量，套袋栽培外观品质更佳。

适宜种植范围

上海、浙江、江苏、湖北等夏湿地区。

1	2
3	4

1、2. 果实
3. 成熟果
4. 果枝

嘉陵 20 号

树种： 桑树
类别： 无性系
通过类别： 审定
学名： *Morus alba* 'Jialing20'
编号： 国 S-SC-MA-019-2006
申请人（单位）： 余茂德、周金星

品种特性

人工三倍体品种。重庆地区 3 月上旬发芽，发条数多，枝条直立粗长，1 年枝条可长到 4m 以上，1m 条产叶量 32 片 279g，公斤叶片数 93 片。叶肉肥厚，叶色深绿，每亩产叶量可达 3000kg。桑叶（干）蛋白质 27.52%，还原糖 5.53%。抗旱能力强，抗细菌性黑枯病。

栽培技术要点

适合丘陵、山区与平坝密植桑园与间作桑园或四边栽植。低干或中干养形，可进行冬季重剪式或夏伐式采收，加强肥水管理，注意桑叶红蜘蛛的防治。

适宜种植范围

重庆、四川、云南、湖南、山东、贵州等桑树分布区。

1	3
2	

1. 叶
2. 枝
3. 整株

镇安 1 号

树种： 板栗
类别： 品种
通过类别： 审定
学名： *Castanca mollissima* 'Zhen'an 1'
编号： 国 S-SV-CM-020-2006
申请人（单位）： 吕平会

品种特性

雄花盛开期 6 月 3 日，雌花盛开期 6 月 5 日，果实成熟期 9 月 15 日左右。平均单果重 13.15g，坚果纵径 2.72cm、横径 3.15cm，出籽率 35.3%，15 年生树株产 12kg。可溶性糖 10.1%，蛋白质 3.68%，脂肪 1.05%，维生素 C 37.65mg/100g。抗旱、抗寒能力较强，耐瘠薄。

栽培技术要点

山地建园宜采用 3m×4m 的株行距，树形宜自然开心形，幼树期间宜间作豆类等低秆作物，定植时采用 1~2 个品种混栽，花期喷 0.3% 的硼肥，注意适时采收，收后清园。

适宜种植范围

陕西商洛、汉中、安康及秦岭北坡的宝鸡、长安、周至、眉县及同类型地区。微碱性土壤不宜栽植。

1
2

1. 雄花序
2. 雌花

塔形毛白杨 CV-BJHR01

树种： 毛白杨
类别： 无性系
通过类别： 审定
学名： *Populus tomentosa* 'BJHR01'
编号： 国 S-SC-PT-001-2006
申请人（单位）： 北京市农林科学院林业果树研究所

品种特性

雄株，花药败育，无飞絮。在北京地区，19 年生平均树高 20.32m，平均胸径 27.62cm，材积 0.4951m^3，其材积是对照（易县毛白杨）的 1.41 倍，基本密度 0.409g/cm^3，纤维长度 1095μm，木材纹理通直，色白，无湿心材，旋切不起毛；19 年生时基本没有水疱型溃疡病，抗叶锈病和叶斑病能力比易县毛白杨提高 50% 以上。

栽培技术要点

株行距 4m×6m，视苗木大小挖好定植坑，施适量底肥。起苗时保证苗木有较好的根系，根系长度应大于 15cm，可适当修剪侧枝、顶梢和不良根系，保持苗木根系湿润，起苗后尽快栽植，尽量不超过 3 天，栽后立即浇透水，出芽后及时抹芽定干，确保树干通直圆满；不宜与桑科植物临近栽植，适宜作农田林网、行道树和道桥绿化等用。

适宜种植范围

北京、天津、河北、山东、甘肃中南部及其环境条件相似地区。

塔形毛白杨 CV-BJHR02

树种： 毛白杨
类别： 无性系
通过类别： 审定
学名： *Populus tomentosa* 'BJHR02'
编号： 国 S-SC-PT-002-2006
申请人（单位）： 北京市农林科学院林业果树研究所

品种特性

雄株，花药败育，无飞絮。在北京地区，19 年生平均树高 20.06m，平均胸径 28.14cm，材积 0.5186m^3，其材积是对照（易县毛白杨）的 1.47 倍，基本密度 0.383g/cm^3，纤维长度 1165μm，木材纹理通直，色白，无湿心材，旋切不起毛；19 年生时基本没有水疱型溃疡病，抗叶锈病和叶斑病能力强。适宜较密栽植的场所绿化、观赏之用。

栽培技术要点

株行距 4m×6m，视苗木大小挖好定植坑，施适量底肥。起苗时保证苗木有较好的根系，根系长度应大于 15cm，可适当修剪侧枝、顶梢和不良根系，保持苗木根系湿润，起苗后尽快栽植，尽量不超过 3 天，栽后立即浇透水，出芽后及时抹芽定干，确保树干通直圆满。不宜与桑科植物临近栽植。

适宜种植范围

北京、天津、河北、山东、甘肃中南部及其环境条件相似地区。

塔形毛白杨 CV-BJHR03

树种：毛白杨
类别：无性系
通过类别：审定
学名：*Populus tomentosa* 'BJHR03'
编号：国 S-SC-PT-003-2006
申请人（单位）：北京市农林科学院林业果树研究所

品种特性

雄株，花药败育，无飞絮。在北京地区，19年生平均树高 23.44m，平均胸径 27.62cm，材积 0.7437m^3，其材积是对照（易县毛白杨）的 2.12 倍，基本密度 0.384g/cm^3，纤维长度 1452μm，木材纹理通直，色白，无湿心材，旋切不起毛；19 年生时基本没有水疱型溃疡病，抗叶锈病和叶斑病能力强。适宜作城镇园林绿化树种。

栽培技术要点

株行距 4m×6m，视苗木大小挖好定植坑，施适量底肥。起苗时保证苗木有较好的根系，根系长度应大于 15cm，可适当修剪侧枝、顶梢和不良根系，保持苗木根系湿润，起苗后尽快栽植，尽量不超过 3 天，栽后立即浇透水，出芽后及时抹芽定干，确保树干通直圆满。不宜与桑科植物临近栽植。

适宜种植范围

北京、天津、河北、山东、甘肃中南部及其环境条件相似地区。

塔形毛白杨 CV-BJHR04

树种：毛白杨
类别：无性系
通过类别：审定
学名：*Populus tomentosa* 'BJHR04'
编号：国 S-SC-PT-004-2006
申请人（单位）：北京市农林科学院林业果树研究所

品种特性

雄株，花药败育，无飞絮。在北京地区，19年生平均树高 22.96m，平均胸径 32.18cm，材积 0.7604m^3，其材积是对照（易县毛白杨）的 2.16 倍，基本密度 0.381g/cm^3，纤维长度 1464μm，木材纹理通直，色白，无湿心材，旋切不起毛；19 年生时基本没有水疱型溃疡病，抗叶锈病和叶斑病能力强。适宜作城镇园林绿化树种。

栽培技术要点

株行距 4m×6m，视苗木大小挖好定植坑，施适量底肥。起苗时保证苗木有较好的根系，根系长度应大于 15cm，可适当修剪侧枝、顶梢和不良根系，保持苗木根系湿润，起苗后尽快栽植，尽量不超过 3 天，栽后立即浇透水，出芽后及时抹芽定干，确保树干通直圆满。不宜与桑科植物临近栽植。

适宜种植范围

北京、天津、河北、山东、甘肃中南部及其环境条件相似地区。

塔形毛白杨 CV-BJHR06

树种： 毛白杨
类别： 无性系
通过类别： 审定
学名： *Populus tomentosa* ‘BJHR06’
编号： 国 S-SC-PT-005-2006
申请人（单位）： 北京市农林科学院林业果树研究所

品种特性

雄株，花药败育，无飞絮。在北京地区，19年生平均树高23.3m，平均胸径27.5cm，材积0.5637m^3，其材积是对照（易县毛白杨）的1.6倍，基本密度0.371g/cm^3，纤维长度1394μm，木材纹理通直，色白，无湿心材，旋切不起毛；19年生时基本没有水疱型溃疡病，抗叶锈病和叶斑病能力强。适宜作城镇园林绿化树种。

栽培技术要点

株行距4m×6m，视苗木大小挖好定植坑，施适量底肥。起苗时保证苗木有较好的根系，根系长度应大于15cm，可适当修剪侧枝、顶梢和不良根系，保持苗木根系湿润，起苗后尽快栽植，尽量不超过3天，栽后立即浇透水，出芽后及时抹芽定干，确保树干通直圆满。不宜与桑科植物临近栽植。

适宜种植范围

北京、天津、河北、山东、甘肃中南部及其环境条件相似地区。

塔形毛白杨 CV-BJHR07

树种： 毛白杨
类别： 无性系
通过类别： 审定
学名： *Populus tomentosa* ‘BJHR07’
编号： 国 S-SC-PT-006-2006
申请人（单位）： 北京市农林科学院林业果树研究所

品种特性

雄株，花药败育，无飞絮。在北京地区，19年生平均树高21.2m，平均胸径28.12cm，材积0.5486m^3，其材积是对照（易县毛白杨）的1.56倍，基本密度0.380g/cm^3，纤维长度1489μm，木材纹理通直，色白，无湿心材，旋切不起毛；19年生时基本没有水疱型溃疡病，抗叶锈病和叶斑病能力比易县毛白杨提高50%以上。适宜作城镇园林绿化树种。

栽培技术要点

株行距4m×6m，视苗木大小挖好定植坑，施适量底肥。起苗时保证苗木有较好的根系，根系长度应大于15cm，可适当修剪侧枝、顶梢和不良根系，保持苗木根系湿润，起苗后尽快栽植，尽量不超过3天，栽后立即浇透水，出芽后及时抹芽定干，确保树干通直圆满。不宜与桑科植物临近栽植。

适宜种植范围

北京、天津、河北、山东、甘肃中南部及其环境条件相似地区。

锥干型毛白杨 CV-BJHR09

树种： 毛白杨
类别： 无性系
通过类别： 审定
学名： *Populus tomentosa* 'BJHR09'
编号： 国 S-SC-PT-007-2006
申请人（单位）： 北京市农林科学院林业果树研究所

品种特性

雄株，花药败育，无飞絮。在北京地区，19 年生平均树高 23.04m，平均胸径 35.72cm，材积 0.9125m^3，其材积是对照（易县毛白杨）的 2.59 倍，基本密度 0.462g/cm^3，纤维长度 1095μm，木材纹理通直，色白，无湿心材，旋切不起毛；19 年生时基本没有水疱型溃疡病，抗叶锈病和叶斑病。适宜作城镇园林绿化树种。

栽培技术要点

株行距 4m×6m，视苗木大小挖好定植坑，施适量底肥。起苗时保证苗木有较好的根系，根系长度应大于 15cm，可适当修剪侧枝、顶梢和不良根系，保持苗木根系湿润，起苗后尽快栽植，尽量不超过 3 天，栽后立即浇透水，出芽后及时抹芽定干，确保树干通直圆满。不宜与桑科植物临近栽植。

适宜种植范围

北京、天津、河北、山东、甘肃中南部及其环境条件相似地区。

2007年

林 木 良 种 名 录

Catalog of improved varieties of forest trees

金森女贞

树种： 女贞
类别： 品种
通过类别： 审定
学名： *Ligustrum japonicum* 'Jinsen'
编号： 国 S-SV-LJ-001-2007
申请人（单位）： 浙江省森禾种业股份有限公司

品种特性

常绿灌木，丛生。嫩叶金黄色，老叶深绿色。花朵白色，有芳香。核果。果实成熟期 10 月，可宿存到翌年 3 月，黑紫色。喜光，可耐 -22℃低温，抗旱性强，耐修剪，萌芽力强，观叶、观花、观果于一体，是优良的绿篱树种。

栽培技术要点

根据不同用途，将穴盘苗或网袋苗移栽于不同容器中，浇透定根水，进行肥水和病虫害管理，并根据需要修剪。

适宜种植范围

浙江、江苏、上海、重庆、四川、湖南、湖北、安徽、江西、贵州、河南、山东。

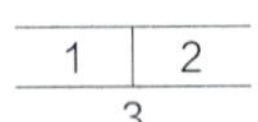

1. 苗圃
2. 花
3. '金森女贞'与'鲁宾斯'搭配效果

鲁宾斯

树种：石楠
类别：品种
通过类别：审定
学名：*Photinia glabra* 'Rubens'
编号：国 S-SV-PG-002-2007
申请人（单位）：浙江省森禾种业股份有限公司

品种特性

常绿灌木，丛生。单叶，互生，革质，椭圆形，嫩叶和嫩枝亮红，老叶深绿色具光泽。顶生圆锥花序，长 8~10cm，花小，白色。花期 4 月上旬至 5 月上旬。梨果，红色，夏末成熟，可持续挂果到翌年春。一年有 3 次阶段性抽新梢，新梢和新叶红色。是园林绿化中优良的彩叶植物。

栽培技术要点

根据不同用途，将穴盘苗或网袋苗移栽于不同容器中，立即浇透定根水，进行肥水和病虫害管理，并根据需要修剪。

适宜种植范围

浙江、江苏、上海、重庆、四川、安徽、河南、山东。

1	2
3	

1. 球苗
2. 园林应用（山东虞河公园）
3. ‘鲁宾斯’与‘金森女贞’搭配效果（浙江长兴齐山植物公园）

赣石 84-8

树种： 油茶
类别： 无性系
通过类别： 审定
学名： *Camellia oleifera* 'Ganshi 84-8'
编号： 国 S-SC-CO-003-2007
申请人（单位）： 江西省林业科学院

品种特性

树体生长旺盛，树冠紧凑。果皮红色，平均冠幅产果量 0.26kg/m^2，鲜果大小为 55 个 /500g，鲜果出籽率 56%，干籽出仁率 71.4%，干仁含油率 62.7%，鲜果含油率 17.2%。连续 4 年平均亩产油量达 122.8kg。

栽培技术要点

选择丘陵林地，带状或块状细致大穴整地。选用合格芽苗砧嫁接苗造林，每亩 60~120 株。施足基肥，及时抚育管理，协调营养生长和生殖生长的关系。

适宜种植范围

江西、湖南。

1	2
3	5
4	

1. 标准果
2. 果实剖面
3. 花
4. 果实
5. 单株

赣抚 20

树种： 油茶
类别： 无性系
通过类别： 审定
学名： *Camellia oleifera* 'Ganfu 20'
编号： 国 S-SC-CO-004-2007
申请人（单位）： 江西省林业科学院

品种特性

树体生长旺盛，树冠紧凑。果皮红色，平均冠幅产果量 0.17kg/m^2，鲜果大小为 44 个 /500g，鲜果出籽率 30.8%，干籽出仁率 60.1%，干仁含油率 62.7%，鲜果含油率 11.8%。连续 4 年平均亩产油量达 79.2kg。

栽培技术要点

选择丘陵林地，带状或块状细致大穴整地。选用合格芽苗砧嫁接苗造林，每亩 60~120 株。施足基肥，及时抚育管理，协调营养生长和生殖生长的关系。

适宜种植范围

江西、湖南。

1	2
3	5
4	

1. 花
2. 果实
3. 标准果
4. 果实剖面
5. 单株

赣永 6

树种：油茶
类别：无性系
通过类别：审定
学名：*Camellia oleifera* 'Ganyong 6'
编号：国 S-SC-CO-005-2007
申请人（单位）：江西省林业科学院

品种特性

树体生长旺盛，树冠紧凑。果皮红色，平均冠幅产果量 0.12kg/m^2，鲜果大小为 62 个 /500g，鲜果出籽率 63%，干籽出仁率 35.7%，干仁含油率 44.1%，鲜果含油率 9.3%。连续 4 年平均亩产油量达 58.6kg。

栽培技术要点

选择丘陵林地，带状或块状细致大穴整地。选用合格芽苗砧嫁接苗造林，每亩 60~120 株。施足基肥，及时抚育管理，协调营养生长和生殖生长的关系。

适宜种植范围

江西、湖南。

1. 标准果
2. 果实剖面
3. 花
4. 果实
5. 单株

<table>
<tr><td></td><td>1</td><td>2</td></tr>
<tr><td>3</td><td rowspan="2" colspan="2">5</td></tr>
<tr><td>4</td></tr>
</table>

赣兴 48

树种：油茶
类别：无性系
通过类别：审定
学名：*Camellia oleifera* 'Ganxing 48'
编号：国 S-SC-CO-006-2007
申请人（单位）：江西省林业科学院

品种特性

树体生长旺盛，树冠紧凑。果皮红色，平均冠幅产果量 0.16kg/m^2，鲜果大小为 64 个 /500g，鲜果出籽率 40.5%，干籽出仁率 26.6%，干仁含油率 56.7%，鲜果含油率 10.1%。连续 4 年平均亩产油量达 72.6kg。

栽培技术要点

选择丘陵林地，带状或块状细致大穴整地。选用合格芽苗砧嫁接苗造林，每亩 60~120 株。施足基肥，及时抚育管理，协调营养生长和生殖生长的关系。

适宜种植范围

江西、湖南。

<table>
<tr><td>1</td><td>2</td></tr>
<tr><td>3</td><td rowspan="2">5</td></tr>
<tr><td>4</td></tr>
</table>

1. 花
2. 果实
3. 标准果
4. 果实剖面
5. 单株

赣无 1 号

树种：油茶　　**学名：***Camellia oleifera* 'Ganwu 1'
类别：无性系　　**编号：**国 S-SC-CO-007-2007
通过类别：审定　　**申请人（单位）：**江西省林业科学院

品种特性

树体生长旺盛，树冠紧凑。果皮红色，平均冠幅产果量 0.13kg/m^2，鲜果大小为 44 个 /500g，鲜果出籽率 56%，干籽出仁率 37.7%，干仁含油率 54.4%，鲜果含油率 13.4%。连续 4 年平均亩产油量达 67.3kg。

栽培技术要点

选择丘陵林地，带状或块状细致大穴整地。选用合格芽苗砧嫁接苗造林，每亩 60~120 株。施足基肥，及时抚育管理，协调营养生长和生殖生长的关系。

适宜种植范围

江西、湖南。

1	2
3	5
4	

1. 花
2. 果实
3. 标准果
4. 果实剖面
5. 单株

GLS 赣州油 3 号

树种：油茶
类别：无性系
通过类别：审定
学名：*Camellia oleifera* 'GLS Ganzhouyou 3'
编号：国 S-SC-CO-008-2007
申请人（单位）：江西省赣州林业科学研究所

品种特性

树冠开张，分枝均匀。栽植 10 年后进入盛果丰产期，亩产油 50kg 以上。果皮红色，鲜果出籽率 49.2%，干出籽率 48.78%，种仁含油率 52.02%。用于食用植物油生产。

栽培技术要点

选择低山丘陵造林地，环山水平带穴状整地，施足基肥，120 株 / 亩，选择健壮嫁接苗造林。当年免耕，第 2 年起主要加强抚育管理，辅以追肥，防治病虫。5 年内不宜挂果。

适宜种植范围

江西南部。

1	4	5
2	6	
3		

1. 花
2. 果着生状态
3. 种子
4. 开花状
5. 母树
6. 测定林

GLS 赣州油 4 号

树种：油茶
类别：无性系
通过类别：审定
学名：*Camellia oleifera* 'GLS Ganzhouyou 4'
编号：国 S-SC-CO-009-2007
申请人（单位）：江西省赣州林业科学研究所

品种特性

树冠开张，分枝均匀，栽植 10 年后进入盛果丰产期，亩产油 50kg 以上。果皮红色，鲜果出籽率 45.8%，干出籽率 52.4%，种仁含油率 50.66%。用于食用植物油生产。

栽培技术要点

选择低山丘陵造林地，环山水平带穴状整地，施足基肥，120 株 / 亩，选择健壮嫁接苗造林。当年免耕，第 2 年起主要加强抚育管理，辅以追肥，防治病虫。5 年内不宜挂果。

适宜种植范围

江西南部。

1	4	5
2	6	
3		

1. 花
2. 种子
3. 果着生状态
4. 开花状
5. 母树
6. 测定林

GLS 赣州油 5 号

树种：油茶
类别：无性系
通过类别：审定
学名：*Camellia oleifera* 'GLS Ganzhouyou 5'
编号：国 S-SC-CO-010-2007
申请人（单位）：江西省赣州林业科学研究所

品种特性

树冠开张，分枝均匀，栽植 10 年后进入盛果丰产期，亩产油 50kg 以上。果皮红色，鲜果出籽率 45%，干出籽率 57.33%，种仁含油率 48.81%。用于食用植物油生产。

栽培技术要点

选择低山丘陵造林地，环山水平带穴状整地，施足基肥，120 株 / 亩，选择健壮嫁接苗造林。当年免耕，第 2 年起主要加强抚育管理，辅以追肥，防治病虫。5 年内不宜挂果。

适宜种植范围

江西南部。

1. 母树
2. 开花状
3. 花
4. 测定林
5. 种子
6. 果着生状态

亚林 1 号

树种：油茶
类别：无性系
通过类别：审定
学名：Camellia oleifera 'Yalin 1'
编号：国 S-SC-CO-011-2007
申请人（单位）：中国林业科学研究院亚热带林业研究所

品种特性

树冠开张，分枝力强。果实 64 个 /kg，10 月盛果期。4 年平均产油 35kg/ 亩，鲜果出籽率 45.98%，种仁含油率 47.35%，果油率 8.63%。可作食用油、化妆品原料。

栽培技术要点

选择丘陵山地或缓坡地，水平带状整地，穴长 50cm× 宽 50cm× 深 40cm，施足基肥，110 株 / 亩，选择健壮嫁接苗造林。选择花期配合、成熟期一致的多个无性系混栽，早期适当密植，盛果期后及时调整密度，加强管理和病虫害防治。

适宜种植范围

湖南、江西、浙江、广西等油茶适生区。

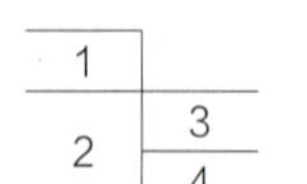

1. 结果幼树
2. 片林
3. 花
4. 果实

亚林 4 号

树种： 油茶
类别： 无性系
通过类别： 审定
学名： *Camellia oleifera* ‘Yalin 4’
编号： 国 S-SC-CO-012-2007
申请人（单位）： 中国林业科学研究院亚热带林业研究所

品种特性

树冠开张，分枝力强。果实 50 个 /kg，10 月盛果期。4 年平均产油 45.6kg/ 亩，鲜果出籽率 46.04%，种仁含油率 50.99%，果油率 9.23%。可作食用油、化妆品原料。

栽培技术要点

选择丘陵山地或缓坡地，水平带状整地，穴长 50cm× 宽 50cm× 深 40cm，施足基肥，110 株 / 亩，选择健壮嫁接苗造林。选择花期配合、成熟期一致的多个无性系混栽，早期适当密植，盛果期后及时调整密度，加强管理和病虫害防治。

适宜种植范围

湖南、江西、浙江、广西等油茶适生区。

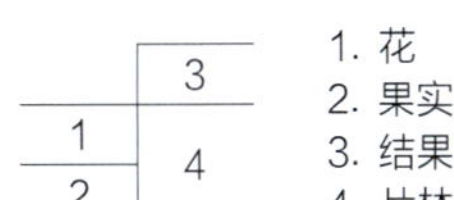

1. 花
2. 果实
3. 结果状
4. 片林

亚林 9 号

树种：油茶
类别：无性系
通过类别：审定
学名：*Camellia oleifera* 'Yalin 9'
编号：国 S-SC-CO-013-2007
申请人（单位）：中国林业科学研究院亚热带林业研究所

品种特性

树冠开张，分枝力强。10 月盛果期，4 年平均产油 40.46kg/ 亩。鲜果出籽率 49.45%，种仁含油率 48%，果油率 8.89%。可作食用油、化妆品原料。

栽培技术要点

选择丘陵山地或缓坡地，水平带状整地，穴长 50cm× 宽 50cm× 深 40cm，施足基肥，110 株 / 亩，选择健壮嫁接苗造林。选择花期配合、成熟期一致的多个无性系混栽，早期适当密植，盛果期后及时调整密度，加强管理和病虫害防治。

适宜种植范围

湖南、江西、浙江、广西等油茶适生区。

1	4
2	
3	

1. 结果状
2. 花
3. 果实
4. 片林

华丰

树种：梨
类别：品种
通过类别：审定
学名：*Pyrus pyrifolia* 'Huafeng'
编号：国 S-SV-PP-014-2007
申请人（单位）：谭晓风

品种特性

定植和高接第 2 年结果，定植第 3 年株产达 7.62kg，亩产 2000kg 左右。果皮焦褐色，平均单果重 331.82g，最大单果重 1501.35g。石细胞少，可溶性固形物 12.2%，可滴定酸 0.19%~0.21%，维生素 C 4.4~5.28mg/100g。耐储藏。

栽培技术要点

选择平地或 10° ~15° 坡度的丘陵山地建园，以砂壤土为宜，株行距 2m × 3m，授粉品种为‘黄花’、‘翠冠’和‘西子绿’。树冠采用小冠疏层，多施有机肥和磷、钾肥，合理疏花疏果，及时防治病虫。

适宜种植范围

湖北、湖南、江苏砂梨种植地区。

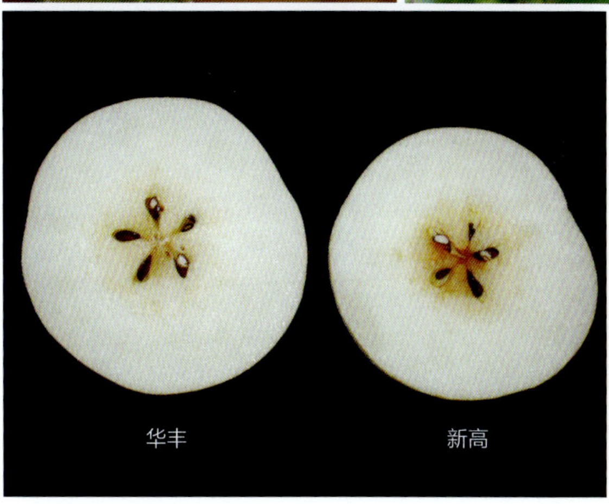

1. 结果状
2. 花
3. 果实
4. ‘华丰’与‘新高’对比
5. 5 年树结果状

华高

树种：梨
类别：品种
通过类别：审定
学名：*Pyrus pyrifolia* 'Huagao'
编号：国 S-SV-PP-015-2007
申请人（单位）：谭晓风

品种特性

定植和高接第 2 年结果，定植第 3 年株产达 6.5kg，果皮焦褐色，平均单果重 298.2g，最大单果重 802.5g。果肉乳白色，石细胞少，可溶性固形物 14.1%，可滴定酸 0.2%~0.24%，维生素 C 5.25~6.5mg/100g。耐储藏。

栽培技术要点

选择平地或 10° ~15°坡度的丘陵山地建园，以砂壤土为宜，株行距 2m × 3m，授粉品种为'黄花'、'翠冠'和'西子绿'。树冠采用小冠疏层，多施有机肥，注意使用平衡施肥技术，合理疏花疏果，及时防治病虫。

适宜种植范围

湖北、湖南、江苏砂梨种植地区。

1	4
2	
3	5

1. 果实
2. 果实和果实纵剖面
3. 花
4. 结果状
5. 3 年树结果状

春雪

树种：桃
类别：品种
通过类别：审定
学名：*Prunus persica* 'Chunxue'
编号：国 S-SV-PP-016-2007
申请人（单位）：李林光

品种特性

树姿开张，果形圆，浓红色，果肉白色，核小。定植后第 2 年可结果，平均株产 3.5~3.9kg，3 年亩产可达到 2538.5kg，5 年亩产 2764.2kg。平均单果重 150g，可溶性固形物 13.6%，总糖 8.65%，可滴定酸 0.33%。

栽培技术要点

栽培密度平原 3m×4m，丘陵山地 2m×(3~4)m，采用“V”形和自然开心形整枝，定植后加强肥水管理，夏季及时摘心，促进扩冠。一般长果枝留果 3~4 个，中果枝留果 2~3 个，短果枝留果 1~2 个。及时防治病虫害。

适宜种植范围

山东、河北秦皇岛以南，北京平谷、大兴，辽宁普兰店以南地区。

1. 结果状
2. 果枝
3. 果实

1	
2	3

武植 3 号

树种：猕猴桃
类别：品种
通过类别：审定
学名：*Actinidia chinesis* 'Wuzhi 3'
编号：国 S-SV-AC-017-2007
申请人（单位）：黄宏文

品种特性

果实大，平均单果重 118g，最大单果重 156g，定植后第 3 年结果，株产达 5kg，盛果期亩产 2200kg。维生素 C 275~300mg/100gFW，可溶性固形物 15.2%，总糖 11.2%，有机酸 0.9%~1.5%。

栽培技术要点

种植密度 56 株 / 亩，授粉树'磨山 4 号'。由于生长旺盛，座果率高，应及时疏花疏果。修剪以冬剪为主，夏季抹芽摘心，注重有机肥和磷钾肥的施入。

适宜种植范围

湖北、福建、云南中华猕猴桃生产区。

1. 结果状
2. 冬芽
3. 果实及纵横剖面

1	
2	3

木瓜杏

树种： 杏
类别： 品种
通过类别： 审定
学名： *Prunus Armeniaca* 'Muguaxing'
编号： 国 S-SV-PA-018-2007
申请人（单位）： 北京林业大学、河北省蔚县林业局

品种特性

树势中庸偏强，半开张，嫁接后2~3年开始结果，5年进入盛果期。平均单果重59.1g，最大单果重125g。杏仁为甜仁，干核重2.82g，出核率10%，核出仁率17.7%。果肉可溶性固形物14%，总糖8.375%，含酸1.053g/100g，维生素C 16.144mg/100g。可鲜食、仁用、作为保健油和制作果脯。

栽培技术要点

株行距（2~3）m×（3~4）m，授粉品种为'白玉扁'和'龙王帽'，主栽品种授粉品种=4:（1~2），加强土、肥、水管理，修剪采用自然圆头形或纺锤形修剪技术，幼树轻剪长放，结果树调整枝、叶、果比例，加强病虫害防治。

适宜种植范围

河北张家口、承德南部，北京周边地区。

1	2
3	4

1. 结果状
2. 杏干、杏脯
3. 果实
4. 开花状

薄壳 1 号

树种： 杏
类别： 品种
通过类别： 审定
学名： *Prunus Armeniaca* 'Boke 1'
编号： 国 S-SV-PA-019-2007
申请人（单位）： 北京林业大学、北方仁用杏产业联合会

品种特性

树势中庸偏强。平均单果重 4.7g，盛果期平均株产杏核 11.1kg，核壳 0.9~1.12mm，单核重 1.497g，出核率 10%，核出仁率 42.35%~45%。杏仁为甜仁，杏仁含油率 51.9%，主要用于加工开口杏核、制作各种糕点、糖果等以及提取杏仁油。

栽培技术要点

平地株行距 2m×4m，山坡地 2m×（4~6）m，授粉品种为‘白玉扁’和‘龙王帽’，主栽品种:授粉品种 =4∶（1~2），加强土、肥、水管理，树形采用扁疏散分层形，群体树形为“连珠树篱形”，幼树轻剪长放，结果树调整枝叶果比例，加强病虫害防治。

适宜种植范围

河北、黑龙江、吉林适宜地区。

1. 实验林
2. 结果状

红丰杏

树种：杏
类别：品种
通过类别：审定

学名：*Prunus Armeniaca* 'Hongfeng'
编号：国 S-SV-PA-020-2007
申请人（单位）：山东农业大学

品种特性

树冠开张，枝条自然下垂。果实近圆形，高接第 2 年开花结果，5 年坐果稳定，1023kg/ 亩。平均单果重 56g，最大单果重 70g，果肉可溶性固形物 14.98%，总糖 8.9%，含酸 1.6%，维生素 C 10.3mg/100g，早熟鲜食品种。

栽培技术要点

山区建园选择背风向阳的南山坡，避免晚霜危害，株行距 3m × 4m，55 株 / 亩，适量配植'红荷包'、'骆驼黄'、'凯特'及'金太阳'等品种作为授粉品种，定植前每亩施入有机肥 2000~4000kg，加强土、肥、水管理。

适宜种植范围

鲁中南、鲁西地区，河南，甘肃东南部，陕西中南部。

1. 示范基地（甘肃宁静县）
2. 示范基地（山东宁津县）
3. 结果状

新世纪杏

树种：杏
类别：品种
通过类别：审定
学名：*Prunus Armeniaca* 'Xinshiji'
编号：国 S-SV-PA-021-2007
申请人（单位）：山东农业大学

品种特性

树冠开张，枝条自然下垂。果实卵圆形，高接第 2 年开花结果，5 年坐果稳定，800kg/ 亩。平均单果重 73g，最大单果重 108g，果肉可溶性固形物 15.2%，总糖 9.6%，含酸 1.8%，维生素 C 11.3mg/100g。早熟鲜食品种。

栽培技术要点

山区建园选择背风向阳的南山坡，避免晚霜危害，株行距 3m × 4m，55 株 / 亩，适量配植‘红荷包’、‘骆驼黄’、‘凯特’及‘金太阳’等品种作为授粉品种，定植前每亩施入有机肥 2000~4000kg，加强土、肥、水管理。

适宜种植范围

鲁中南、鲁西地区，河南，甘肃东南部，陕西中南部。

果实

2008

林 木 良 种 名 录

atalog of improved varieties of forest trees

岑软 2 号

树种：油茶
类别：无性系
通过类别：审定
学名：*Camellia oleifera* 'Cenruan 2'
编号：国 S-SC-CO-001-2008
申请人（单位）：广西壮族自治区林业科学研究院

品种特性

冠幅大，圆头形。枝条柔软、细长，叶片披针形。果实 17 个 /500g，果青色，呈倒杯状；盛产期每公顷产油可达 915kg。鲜果出籽率 40.7%，种仁含油率 41.93%，果油率 7.06%。可作食用油、化妆品原料。

栽培技术要点

选择低丘或缓坡地，坡度 <15°，造林密度 3m×2m。造林要求苗高 30cm 以上、地径 0.3cm 以上，生长健壮，无病虫害，无机械损伤。每公顷施农家肥、厩肥、草木灰等基肥 15000~22500kg。

适宜种植范围

广西、湖南、江西、贵州油茶种植区。

1. 果枝
2. 片林

岑软 3 号

树种：油茶
类别：无性系
通过类别：审定
学名：*Camellia oleifera* 'Cenruan 3'
编号：国 S-SC-CO-002-2008
申请人（单位）：广西壮族自治区林业科学研究院

品种特性

树形较直立。枝条较粗、节间短。叶片倒卵形。果实 24 个 /500g，果青红色，球形；盛产期每公顷产油可达 937.5kg。鲜果出籽率 39.72%，种仁含油率 50.8%，果油率 7.13%。可作食用油、化妆品原料。

栽培技术要点

选择低丘或缓坡地，坡度 <15°，造林密度 3m×2m。造林要求苗高 30cm 以上、地径 0.3cm 以上，生长健壮，无病虫害，无机械损伤。每公顷施农家肥、厩肥、草木灰等基肥 15000~22500kg。

适宜种植范围

广西、湖南、江西、贵州油茶种植区。

1. 果枝
2. 片林

桂无 1 号

树种：油茶
类别：无性系
通过类别：审定
学名：*Camellia oleifera* 'Guiwu1'
编号：国 S-SC-CO-003-2008
申请人（单位）：广西壮族自治区林业科学研究院

品种特性

树形中等。枝条较粗、较直立。叶片椭圆形。果实青黄色、球形或梨形，多着生于枝顶。平均冠幅产果量 1.48kg/m^2，鲜果大小为 23 个 /500g。鲜果出籽率 39%，干籽出仁率 66.7%，种仁含油率 52.39%，盛产期每公顷产油可达 868.5kg。可作食用油、化妆品原料。

栽培技术要点

选择退耕地、缓坡地、低丘或山岗地，造林密度 3m×2m。选择嫁接苗，苗高 30cm 以上，生长健壮，无病虫害，无机械损伤。施足基肥，加强幼树管理。

适宜种植范围

广西、湖南、江西油茶种植区。

1. 幼树
2. 结果单株

桂无 4 号

树种：油茶 学名：*Camellia oleifera* 'Guiwu 4'
类别：无性系 编号：国 S-SC-CO-004-2008
通过类别：审定 申请人（单位）：广西壮族自治区林业科学研究院

品种特性

树冠开张，自然开心形。枝条分枝角度较大、质地柔软下垂。果实青红色，多为球形。平均冠幅产果量 1.48kg/m^2，鲜果大小为 19 个 /500g。盛产期每公顷产油可达 735kg。鲜果出籽率 35.5%，干籽出仁率 65.2%。种仁含油率 54.7%。可作食用油、化妆品原料。

栽培技术要点

选择退耕地、缓坡地、低丘或山岗地，造林密度 3m×2m。选择嫁接苗，苗高 30cm 以上，生长健壮，无病虫害，无机械损伤。施足基肥，加强幼树管理。

适宜种植范围

广西、湖南、江西油茶种植区。

1. 试验林
2. 结果状

长林 3 号

树种：油茶
类别：无性系
通过类别：审定

学名：*Camellia oleifera* 'Changlin 3'
编号：国 S-SC-CO-005-2008
申请人（单位）：中国林业科学研究院亚热带林业研究所、中国林业科学研究院亚热带林业实验中心

品种特性

树体长势中等偏强。枝叶稍开张，枝条细长散生。叶近柳叶形。果桃形或近橄榄形，青偏黄。6 年生单株产果量 4kg 以上，每公顷产油可超过 300kg；盛产期每公顷产油可达 819kg。干籽出仁率 24%，干仁含油率 46.8%；油酸 82.15%，亚油酸 6.7%。可作食用油、化妆品原料。

栽培技术要点

选择土层较厚的丘陵山地或缓坡地，水平带整地，施足基肥。配置花期相似或一致的多系混栽；早期适当密植，盛产期后适时调整密度，每年抚育施肥。注意蓝翅天牛、象鼻虫等虫害防治。

适宜种植范围

浙江、江西、广西油茶种植区。

1	2
	3

1. 结果母树
2. 花
3. 果

长林 4 号

树种： 油茶
类别： 无性系
通过类别： 审定
学名： *Camellia oleifera* 'Changlin 4'
编号： 国 S-SC-CO-006-2008
申请人（单位）： 中国林业科学研究院亚热带林业研究所、中国林业科学研究院亚热带林业实验中心

品种特性

长势旺，枝叶茂密。叶宽卵形。果桃形，青带红。6 年生单株产果量 5~6kg 以上，每公顷产油可以超过 525kg；盛产期每公顷产油可达 900kg。干籽出仁率 54%，干仁含油率 46%；油酸 83.09%，亚油酸 7.07%。可作食用油、化妆品原料。

栽培技术要点

选择土层较厚的丘陵山地或缓坡地，水平带整地，施足基肥。配置花期相似或一致的多系混栽；早期适当密植，盛产期后适时调整密度，每年抚育施肥。注意蓝翅天牛、象鼻虫等虫害防治。

适宜种植范围

浙江、江西、广西、福建、湖北油茶种植区。

1. 花
2. 果
3. 结果母树

长林 18 号

树种：油茶
类别：无性系
通过类别：审定
学名：*Camellia oleifera* 'Changlin 18'
编号：国 S-SC-CO-007-2008
申请人（单位）：中国林业科学研究院亚热带林业研究所、中国林业科学研究院亚热带林业实验中心

品种特性

枝叶茂密。叶面平，花有红斑。果球形至橘形，红色，俗称大红袍。6 年生单株产果量 3kg 以上，每公顷产油可以超过 300kg；盛产期每公顷产油能达到 624kg。干籽出仁率 61.8%，干仁含油率 48.6%；油酸 85.51%，亚油酸 3.99%。可作食用油、化妆品原料。

栽培技术要点

选择土层较厚的丘陵山地或缓坡地，水平带整地，施足基肥。配置花期相似或一致的多系混栽；早期适当密植，盛产期后适时调整密度，每年抚育施肥。注意蓝翅天牛、象鼻虫等虫害防治。

适宜种植范围

浙江、江西、广西、福建、湖北油茶种植区。

	1
2	3

1. 结果母树
2. 花
3. 果

长林 21 号

树种：油茶
类别：无性系
通过类别：审定
学名：*Camellia oleifera* 'Changlin 21'
编号：国 S-SC-CO-008-2008
申请人（单位）：中国林业科学研究院亚热带林业研究所、中国林业科学研究院亚热带林业实验中心

品种特性

长势中等，枝叶茂密。叶背灰白。果近橘形，黄绿色。6 年生单株产果量 3kg 以上，每公顷产油可以超过 285kg；盛产期每公顷产油可达 1063.5kg。干籽出仁率 69.3%，干仁含油率 53.5%；油酸 82.88%，亚油酸 5.21%。可作食用油、化妆品原料。

栽培技术要点

选择土层较厚的丘陵山地或缓坡地，水平带整地，施足基肥。配置花期相似或一致的多系混栽；早期适当密植，盛产期后适时调整密度，每年抚育施肥。注意蓝翅天牛、象鼻虫等虫害防治。

适宜种植范围

浙江、江西油茶种植区。

1. 花
2. 果
3. 结果母树

长林 23 号

树种：油茶
类别：无性系
通过类别：审定

学名：*Camellia oleifera* 'Changlin 23'
编号：国 S-SC-CO-009-2008
申请人（单位）：中国林业科学研究院亚热带林业研究所、中国林业科学研究院亚热带林业实验中心

品种特性

长势旺，枝叶茂密。叶短矩卵形。果球形，黄带橙色。6 年生单株产果量 3kg 以上，每公顷产油可以超过 450kg；盛产期每公顷产油可达 924kg。干籽出仁率 57.2%，干仁含油率 49.7%；油酸 85.24%，亚油酸 4.07%。可作食用油、化妆品原料。

栽培技术要点

选择土层较厚的丘陵山地或缓坡地，水平带整地，施足基肥。配置花期相似或一致的多系混栽；早期适当密植，盛产期后适时调整密度，每年抚育施肥。注意蓝翅天牛、象鼻虫等虫害防治。

适宜种植范围

浙江、江西油茶种植区。

1. 结果母树
2. 花
3. 果

长林 27 号

树种：油茶
类别：无性系
通过类别：审定
学名：*Camellia oleifera* 'Changlin 27'
编号：国 S-SC-CO-010-2008
申请人（单位）：中国林业科学研究院亚热带林业研究所、中国林业科学研究院亚热带林业实验中心

品种特性

枝条粗壮直立，叶宽卵形。果球形，皮红色。平均冠幅产果量 1.33kg/m^2，鲜果大小为 74 个 /kg，6 年生单株产果量 4kg 以上，每公顷产油可以超过 375kg；盛产期每公顷产油能达到 1056kg。鲜出籽率 63%，干籽出仁率 21.4%，干仁含油率 48.6%，鲜果含油率 9.3%；油酸 82.26%，亚油酸 7.29%。可作食用油、化妆品原料。

栽培技术要点

选择土层较厚的丘陵山地或缓坡地，水平带整地，施足基肥。配置花期相似或一致的多系混栽早期适当密植，盛产期后适时调整密度，每年抚育施肥。注意蓝翅天牛、象鼻虫等虫害防治。

适宜种植范围

浙江、江西、广西、福建、湖南、湖北油茶种植区。

1. 结果母树
2. 花与果
3. 果

长林 40 号

树种： 油茶
类别： 无性系
通过类别： 审定
学名： *Camellia oleifera* 'Changlin 40'
编号： 国 S-SC-CO-011-2008
申请人（单位）： 中国林业科学研究院亚热带林业研究所、中国林业科学研究院亚热带林业实验中心

品种特性

长势旺，枝叶茂密。叶矩卵形。果有棱，青带红色。6 年生单株产果量 8kg 以上，每公顷产油可以超过 600kg；盛产期每公顷产油能达到 988.5kg。干籽出仁率 63.1%，干仁含油率 50.3%；油酸 82.12%，亚油酸 7.34%。可作食用油、化妆品原料。

栽培技术要点

选择土层较厚的丘陵山地或缓坡地，水平带整地，施足基肥。配置花期相似或一致的多系混栽；早期适当密植，盛产期后适时调整密度，每年抚育施肥。注意蓝翅天牛、象鼻虫等虫害防治。

适宜种植范围

浙江、江西、广西、湖南油茶种植区。

1. 花
2. 果
3. 结果母树

长林 53 号

树种： 油茶
类别： 无性系
通过类别： 审定
学名： *Camellia oleifera* 'Changlin 53'
编号： 国 S-SC-CO-012-2008
申请人（单位）： 中国林业科学研究院亚热带林业研究所、中国林业科学研究院亚热带林业实验中心

品种特性

树体矮壮。粗枝，枝条硬，叶子浓密。果梨形，黄带红。6 年生单株产果量 5kg 以上，每公顷产油可以超过 375kg；盛产期亩产油能达到 1056kg。干籽出仁率 59.2%，干仁含油率 45%；油酸 86.23%，亚油酸 3.18%；可作食用油、化妆品原料。

栽培技术要点

选择土层较厚的丘陵山地或缓坡地，水平带整地，施足基肥。配置花期相似或一致的多系混栽；早期适当密植，盛产期后适时调整密度，每年抚育施肥。注意蓝翅天牛、象鼻虫等虫害防治。

适宜种植范围

浙江、江西油茶种植区。

1
2
3

1. 花
2. 果
3. 结果母树

长林 55 号

树种：油茶
类别：无性系
通过类别：审定
学名：*Camellia oleifera* 'Changlin 55'
编号：国 S-SC-CO-013-2008
申请人（单位）：中国林业科学研究院亚热带林业研究所、中国林业科学研究院亚热带林业实验中心

品种特性

长势较强，枝条细长密生。叶宽矩卵形。果桃形，青色为主，略带红。6 年生单株产果量 1.5kg 以上，每公顷产油可以超过 225kg；盛产期每公顷产油能达到 883.5kg。干籽出仁率 68.2%，干仁含油率 53.5%；油酸 84.33%，亚油酸 5.64%。可作食用油、化妆品原料。

栽培技术要点

选择土层较厚的丘陵山地或缓坡地，水平带整地，施足基肥。配置花期相似或一致的多系混栽；早期适当密植，盛产期后适时调整密度，每年抚育施肥。注意蓝翅天牛、象鼻虫等虫害防治。

适宜种植范围

浙江、江西、广西油茶种植区。

1. 花
2. 果
3. 结果母树

赣州油 1 号

树种：油茶
类别：无性系
通过类别：审定
学名：*Camellia oleifera* 'Ganzhouyou 1'
编号：国 S-SC-CO-014-2008
申请人（单位）：江西省赣州市林业科学研究所

品种特性

树冠开张，分枝均匀。果桃形，果皮青色。鲜果出籽率 35.15%，种仁含油率 49.67%。油酸 82.18%，亚油酸 8.99%。栽植 10 年后进入盛产期，每公顷产油 750kg 左右。可用于食用植物油生产。

栽培技术要点

选择低山丘陵造林地，环山水平带穴状整地，施足基肥，造林密度 3m × 2m，选择健壮嫁接苗造林。当年免耕，第 2 年起主要加强抚育管理，辅以追肥，防治病虫。5 年内不宜挂果。

适宜种植范围

江西、广东、福建油茶适生区。

1. 结果状
2. 果实着生状
3. 种子
4. 林分
5. 花（整株）

<table>
<tr><td colspan="2">1</td><td rowspan="3">5</td></tr>
<tr><td>2</td><td>3</td></tr>
<tr><td colspan="2">4</td></tr>
</table>

赣州油 2 号

树种：油茶
类别：无性系
通过类别：审定
学名：*Camellia oleifera* 'Ganzhouyou 2'
编号：国 S-SC-CO-015-2008
申请人（单位）：江西省赣州市林业科学研究所

品种特性

树冠开张，分枝均匀。果楔形，果皮红色。鲜果出籽率 37.51%，种仁含油率 48.45%。油酸 80.45%，亚油酸 7.62%。栽植 10 年后进入盛产期，每公顷产油 750kg 左右。可用于食用植物油生产。

栽培技术要点

选择低山丘陵造林地，环山水平带穴状整地，施足基肥，造林密度 3m × 2m，选择健壮嫁接苗造林。当年免耕，第 2 年起主要加强抚育管理，辅以追肥，防治病虫。5 年内不宜挂果。

适宜种植范围

江西油茶适生区。

1 林分　2. 单株　3. 花（整株）　4. 种子　5. 果实着生状

1		2
3	4	
	5	

赣州油 6 号

树种： 油茶　　**学名：** *Camellia oleifera* ‘Ganzhouyou 6’

类别： 无性系　　**编号：** 国 S-SC-CO-016-2008

通过类别： 审定　　**申请人（单位）：** 江西省赣州市林业科学研究所

品种特性

树冠开张，分枝均匀。果皮黄色，鲜果出籽率 44.02%，种仁含油率 49.75%。油酸 85.56%，亚油酸 4.54%。栽植 10 年后进入盛产期，每公顷产油 750kg 左右。可用于食用植物油生产。

栽培技术要点

选择低山丘陵造林地，环山水平带穴状整地，施足基肥，造林密度 3m×2m，选择健壮嫁接苗造林。当年免耕，第 2 年起主要加强抚育管理，辅以追肥，防治病虫。5 年内不宜挂果。

适宜种植范围

江西油茶适生区。

1. 花（整株）
2、4. 单株
3. 种子

	1
2	3
	4

赣州油 7 号

树种：油茶
类别：无性系
通过类别：审定
学名：*Camellia oleifera* 'Ganzhouyou 7'
编号：国 S-SC-CO-017-2008
申请人（单位）：江西省赣州市林业科学研究所

品种特性

树冠开张，分枝均匀。果皮青色，鲜果出籽率39.19%，种仁含油率54.86%。油酸81.3%，亚油酸7.95%。栽植10年后进入盛产期，每公顷产油750kg以上。可用于食用植物油生产。

栽培技术要点

选择低山丘陵造林地，环山水平带穴状整地，施足基肥，造林密度3m×2m，选择健壮嫁接苗造林。当年免耕，第2年起主要加强抚育管理，辅以追肥，防治病虫。5年内不宜挂果。

适宜种植范围

江西、广东、福建油茶适生区。

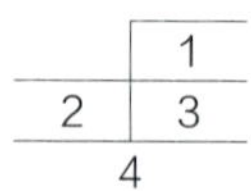

1. 花（整株）
2. 种子
3. 果实着生状
4. 林分

赣州油 8 号

树种： 油茶
类别： 无性系
通过类别： 审定
学名： *Camellia oleifera* 'Ganzhouyou 8'
编号： 国 S-SC-CO-018-2008
申请人（单位）： 江西省赣州市林业科学研究所

品种特性

树冠开张，分枝均匀。果球形，皮红色。鲜果出籽率 38.93%，种仁含油率 50.61%。油酸 82.73%，亚油酸 8.27%。栽植 10 年后进入盛产期，每公顷产油 750kg 以上。可用于食用植物油生产。

栽培技术要点

选择低山丘陵造林地，环山水平带穴状整地，施足基肥，造林密度 3m×2m，选择健壮嫁接苗造林。当年免耕，第 2 年起主要加强抚育管理，辅以追肥，防治病虫。5 年内不宜挂果。

适宜种植范围

江西、广东、福建油茶适生区。

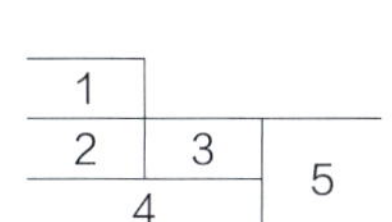

1. 单株
2. 果实着生状
3. 种子
4. 林分
5. 花（整株）

赣州油 9 号

树种：油茶
类别：无性系
通过类别：审定
学名：*Camellia oleifera* 'Ganzhouyou 9'
编号：国 S-SC-CO-019-2008
申请人（单位）：江西省赣州市林业科学研究所

品种特性

树冠开张，分枝均匀。果橘形，皮红色。鲜果出籽率 40.57%，种仁含油率 49.41%。油酸 74%，亚油酸 13.21%。栽植 10 年后进入盛产期，每公顷产油 750kg 左右。可用于食用植物油生产。

栽培技术要点

选择低山丘陵造林地，环山水平带穴状整地，施足基肥，造林密度 3m × 2m，选择健壮嫁接苗造林。当年免耕，第 2 年起主要加强抚育管理，辅以追肥，防治病虫。5 年内不宜挂果。

适宜种植范围

江西油茶适生区。

1. 花（整株）
2. 果实着生状
3. 种子
4. 结果状
5. 单株

1	2
	3
4	5

赣 8

树种：油茶　　学名：*Camellia oleifera* 'Gan 8'
类别：无性系　　编号：国 S-SC-CO-020-2008
通过类别：审定　　申请人（单位）：江西省林业科学研究院

品种特性

树体生长旺盛，树冠紧凑。果皮红色，平均冠幅产果量 0.16kg/m^2，鲜果大小为 35 个 /500g，鲜出籽率 47.9%，干籽出仁率 57.5%，干仁含油率 53.9%，鲜果含油率 8.1%；盛产期连续 4 年平均每公顷产油量可达 1089kg。可用于食用植物油生产。

栽培技术要点

选择丘陵林地，带状或块状细致大穴整地。选用合格芽苗砧嫁接苗造林，造林密度 3m×（2~4）m，施足基肥，及时抚育管理。

适宜种植范围

江西、湖南、广西油茶适生区。

1. 果与叶
2. 植株
3. 果实
4. 种仁

赣 190

树种： 油茶
类别： 无性系
通过类别： 审定
学名： *Camellia oleifera* 'Gan 190'
编号： 国 S-SC-CO-021-2008
申请人（单位）： 江西省林业科学研究院

品种特性

树体生长旺盛，树冠紧凑。果皮红色，平均冠幅产果量 0.11kg/m^2，鲜果大小为 47 个 /500g，鲜出籽率 44.6%，干籽出仁率 55.6%，干仁含油率 49.1%，鲜果含油率 7.1%；盛产期连续 4 年平均每公顷产油量可达 811.5kg。可用于食用植物油生产。

栽培技术要点

选择丘陵林地，带状或块状细致大穴整地。选用合格芽苗砧嫁接苗造林，造林密度 3m×（2~4）m，施足基肥，及时抚育管理。

适宜种植范围

江西、湖南、广西油茶适生区。

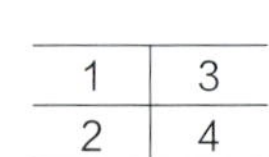

1	3
2	4

1. 果与叶
2. 植株
3. 果实
4. 种仁

赣 447

树种：油茶
类别：无性系
通过类别：审定
学名：*Camellia oleifera* 'Gan 447'
编号：国 S-SC-CO-022-2008
申请人（单位）：江西省林业科学研究院

品种特性

树体生长旺盛，树冠紧凑。果皮青色，平均冠幅产果量 0.17kg/m^2，鲜果大小为 44 个 /500g，鲜出籽率 46.7%，干籽出仁率 30.8%，干仁含油率 60.1%，鲜果含油率 11.8%；盛产期连续 4 年平均每公顷产油量可达 1188kg。可用于食用植物油生产。

栽培技术要点

选择丘陵林地，带状或块状细致大穴整地。选用合格芽苗砧嫁接苗造林，造林密度 3m×（2~4）m，施足基肥，及时抚育管理。

适宜种植范围

江西油茶适生区。

1	3
2	4

1. 果实
2. 种仁
3. 果与叶
4. 植株

赣石 84-3

树种： 油茶
类别： 无性系
通过类别： 审定
学名： *Camellia oleifera* 'Ganshi 84-3'
编号： 国 S-SC-CO-023-2008
申请人（单位）： 江西省林业科学研究院

品种特性

树体生长旺盛，树冠紧凑。果皮红色，平均冠幅产果量 0.13kg/m^2，鲜果大小为 49 个 /500g，鲜出籽率 42.5%，干籽出仁率 67.5%，干仁含油率 55.7%，鲜果含油率 10.8%；盛产期连续 4 年平均每公顷产油量可达 913.5kg。可用于食用植物油生产。

栽培技术要点

选择丘陵林地，带状或块状细致大穴整地。选用合格芽苗砧嫁接苗造林，造林密度 3m×（2~4）m，施足基肥，及时抚育管理。

适宜种植范围

江西油茶适生区。

1	2	1. 植株
	3	2. 种仁
	4	3. 果实
		4. 果与叶

赣石 83-1

树种：油茶
类别：无性系
通过类别：审定
学名：*Camellia oleifera* 'Ganshi 83-1'
编号：国 S-SC-CO-024-2008
申请人（单位）：江西省林业科学研究院

品种特性

树体生长旺盛，树冠紧凑。果皮红色，平均冠幅产果量 0.13kg/m^2，鲜果大小为 36 个 /500g，鲜出籽率 50.7%，干籽出仁率 32.4%，干仁含油率 52.3%，鲜果含油率 11.1%；盛产期连续 4 年平均每公顷产油量可达 945kg。可用于食用植物油生产。

栽培技术要点

选择丘陵林地，带状或块状细致大穴整地。选用合格芽苗砧嫁接苗造林，造林密度 3m×（2~4）m，施足基肥，及时抚育管理。

适宜种植范围

江西、湖南、广西油茶适生区。

1. 果与叶
2. 果实
3. 种仁
4. 植株

赣石 83-4

树种：油茶
类别：无性系
通过类别：审定
学名：*Camellia oleifera* 'Ganshi 83-4'
编号：国 S-SC-CO-025-2008
申请人（单位）：江西省林业科学研究院

品种特性

树体生长旺盛，树冠紧凑。果皮红色，平均冠幅产果量 0.11kg/m^2，鲜果大小为 44 个 /500g，鲜出籽率 48.3%，干籽出仁率 65.6%，干仁含油率 59.6%，鲜果含油率 11.9%；盛产期连续 4 年平均每公顷产油量可达 820.5kg。油酸 82.42%，亚油酸 8.31%。可用于食用植物油生产。

栽培技术要点

选择丘陵林地，带状或块状细致大穴整地。选用合格芽苗砧嫁接苗造林，造林密度 3m×（2~4）m，施足基肥，及时抚育管理。

适宜种植范围

江西、湖南、广西油茶适生区。

1. 果与叶
2. 植株
3. 果实
4. 种仁

赣无 2

树种： 油茶
类别： 无性系
通过类别： 审定
学名： *Camellia oleifera* ‘Ganwu 2’
编号： 国 S-SC-CO-026-2008
申请人（单位）： 江西省林业科学院

品种特性

树体生长旺盛，树冠紧凑。果皮黄色，平均冠幅产果量 0.09kg/m^2，鲜果大小为 41 个 /500g，鲜出籽率 48.1%，干籽出仁率 27.8%，干仁含油率 49.4%，鲜果含油率 8.1%；盛产期连续 4 年平均每公顷产油量可达 735kg。油酸 85%，亚油酸 6.36%。可用于食用植物油生产。

栽培技术要点

选择丘陵林地，带状或块状细致大穴整地。选用合格芽苗砧嫁接苗造林，造林密度 3m×（2~4）m，施足基肥，及时抚育管理。

适宜种植范围

江西、湖南油茶适生区。

1	
2	4
3	

1. 果与叶
2. 种仁
3. 果实
4. 植株

赣无 11

树种：油茶
类别：无性系
通过类别：审定
学名：*Camellia oleifera* 'Ganwu 11'
编号：国 S-SC-CO-027-2008
申请人（单位）：江西省林业科学院

品种特性

树体生长旺盛，树冠紧凑。果皮红色，平均冠幅产果量 0.18kg/m^2，鲜果大小为 36 个 /500g，鲜出籽率 51.4%，干籽出仁率 30.5%，干仁含油率 57.8%，鲜果含油率 12.4%；盛产期连续 4 年平均每公顷产油量可达 1383kg。油酸 78.73%，亚油酸 11.34%。可用于食用植物油生产。

栽培技术要点

选择丘陵林地，带状或块状细致大穴整地。选用合格芽苗砧嫁接苗造林，造林密度 3m×（2~4）m，施足基肥，及时抚育管理。

适宜种植范围

江西、湖南油茶适生区。

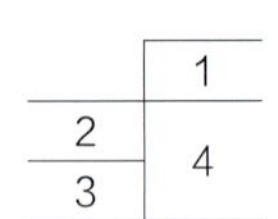

1. 果与叶
2. 种仁
3. 果实
4. 植株

赣兴 46

树种： 油茶
类别： 无性系
通过类别： 审定
学名： *Camellia oleifera* 'Ganxing 46'
编号： 国 S-SC-CO-028-2008
申请人（单位）： 江西省林业科学院

品种特性

树体生长旺盛，树冠紧凑。果皮黄色，平均冠幅产果量 0.14kg/m^2，鲜果大小为 65 个 /500g，鲜出籽率 52.1%，干籽出仁率 28.6%，干仁含油率 45.1%，鲜果含油率 8.1%；盛产期连续 4 年平均每公顷产油量可达 952.5kg。油酸 79.24%，亚油酸 10.4%。可用于食用植物油生产。

栽培技术要点

选择丘陵林地，带状或块状细致大穴整地。选用合格芽苗砧嫁接苗造林，造林密度 3m×（2~4）m，施足基肥，及时抚育管理。

适宜种植范围

江西、湖南油茶适生区。

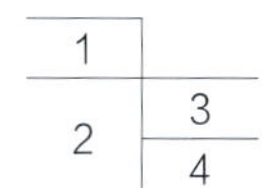

1. 果与叶
2. 植株
3. 果实
4. 种仁

赣永 5

树种： 油茶　　**学名：** *Camellia oleifera* 'Ganyong 5'
类别： 无性系　　**编号：** 国 S-SC-CO-029-2008
通过类别： 审定　　**申请人（单位）：** 江西省林业科学院

品种特性

树体生长旺盛，树冠紧凑。果皮青色，平均冠幅产果量 0.14kg/m^2，鲜果大小为 55 个 /500g，鲜出籽率 50.1%，干籽出仁率 61.8%，干仁含油率 48.2%，鲜果含油率 7.4%；盛产期连续 4 年平均每公顷产油量可达 996kg。油酸 82.7%，亚油酸 8.15%。可用于食用植物油生产。

栽培技术要点

选择丘陵林地，带状或块状细致大穴整地。选用合格芽苗砧嫁接苗造林，造林密度 3m×（2~4）m，施足基肥，及时抚育管理。

适宜种植范围

江西油茶适生区。

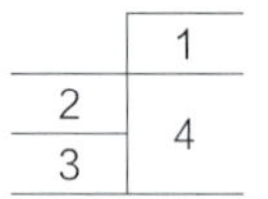

1. 果与叶
2. 种仁
3. 果实
4. 植株

火炬松家系 L-7

树种： 火炬松
类别： 家系
通过类别： 审定
学名： *Pinus taeda* 'L-7'
编号： 国 S-SF-PT-030-2008
申请人（单位）： 湖南省林业科学院

品种特性

原产美国东南部。10 年生时树高年均生长量 0.851m，胸径年均生长量 1.646cm，与对照（初级种子园种子育苗造林）相比，树高增益 24%，胸径增益 29%。木材密度 0.4077g/cm³，纤维长度 2.3708mm，纤维素含量 58.9%。可作为绿化和纸浆材树种。

栽培技术要点

适宜立地有效土层深度 60cm 以上，宽穴整地，规格为 60cm×50cm×40cm，初植密度以 100~120 株 / 亩为宜，每株施专用肥 500g 作为基肥。栽植后连续 3 年进行刀抚或浅垦抚育。

适宜种植范围

适宜于立地指数在 12 指数级以上，海拔 400m 以下，年降水量 1000mm 以上的湖南丘陵山地及相似地区。

1. 针叶与球果
2. 优良家系示范

金叶莸

树种：莸
类别：品种
通过类别：审定
学名：*Caryopteris* × *clandonensis* 'Worcester Gold'
编号：国 S-SV-CC-031-2008
申请人（单位）：宁夏回族自治区林业研究所（有限公司）

品种特性

灌木。株高 50~120cm，冠幅 50~70cm，生长期叶片始终为金黄色，花冠蓝紫色。在 - 30℃气温条件下可正常越冬，在 pH9、全盐含量 0.24% 以下的土壤中可以正常生长。可作为园林绿化、庭院美化品种。

栽培技术要点

砂壤土、壤土均可种植，不适宜土壤黏重，忌水渍，不适宜土壤中砾石含量大于 50% 的石质地。裸根苗种植一般在 3 月下旬至 4 月上中旬，或 10 月下旬至 11 月中旬种植。容器苗整个生长季均可种植，适当灌溉，中耕除草，管理较粗放。

适宜种植范围

华北地区，东北的哈尔滨以南地区，西北的西安—西宁—敦煌—库尔勒以北、克拉玛依以南，山东西南部，河南北部。

1	
2	3
4	5

1. 兰州雁滩桥绿化
2. 单株
3. 景观水道金叶莸与红叶小檗组景
4. 枝叶
5. 工厂化育苗

中油桃 4 号

树种：桃
类别：品种
通过类别：审定

学名：*Prunus persica* 'Zhongyoutao 4'
编号：国 S-SV-PP-032-2008
申请人（单位）：中国农业科学院郑州果树研究所

品种特性

树势中等偏旺，叶片长披针形，花铃型。果实椭圆至近圆形，大小中等，单果重 116~145g；果皮光滑无毛，底色浅黄，果面鲜红色或紫红色；果肉黄色，果核长椭圆形，半离核。果实可溶性固形物 11%~15%，总糖 11%，维生素 C 8.74mg/100g。鲜食为主，也可制汁。

栽培技术要点

山区、丘陵或较瘠薄的土地可采用 4m × 3m 的株行距，自然开心形整枝；肥沃良田可采用 2m × 5m 或 3m × 5m 的株行距，倒人字形和开心形整枝。每年 10 月重施基肥，谢花后应追施 1 次氮磷钾复合肥，硬核期以后，每周叶面喷施 1 次磷酸二氢钾，采果后再追加 1 次磷钾肥。适时浇水，严格疏果，合理负载，适时采收。

适宜种植范围

华北平原桃种植区、西北高旱桃种植区、长江流域桃种植区。

1. 桃园
2. 花
3. 果实

中油桃 5 号

树种： 桃
类别： 品种
通过类别： 审定
学名： *Prunus persica* 'Zhongyoutao 5'
编号： 国 S-SV-PP-033-2008
申请人（单位）： 中国农业科学院郑州果树研究所

品种特性

树势中等偏旺，叶片长椭圆披针形，花铃型。果实椭圆形，果实大，单果重 125~160g；果皮光滑无毛，底色乳白，果面玫瑰红色或鲜红色；果肉白色，果核长椭圆形，半离核。果实可溶性固形物 9%~13%，总糖 8.59%，维生素 C 8.82mg/100g。鲜食为主，也可制汁。

栽培技术要点

山区、丘陵或较瘠薄的土地可采用 4m × 3m 的株行距，自然开心形整枝；肥沃良田可采用 2m × 5m 或 3m × 5m 的株行距，倒“人”字形和开心形整枝。每年 10 月重施基肥，谢花后应追施 1 次氮磷钾复合肥，硬核期以后，每周叶面喷施 1 次磷酸二氢钾，采果后再追加 1 次磷钾肥。适时浇水，严格疏果，合理负载，适时采收。

适宜种植范围

华北平原桃种植区、西北高旱桃种植区、长江流域桃种植区。

1	2
3	4

1. 花
2. 果实
3. 枝
4. 桃园

中华玉梨

树种：梨
类别：品种
通过类别：审定
学名：*Pyrus bretachneideri* 'Zhonghuayuli'
编号：国 S-SV-PB-034-2008
申请人（单位）：中国农业科学院郑州果树研究所

品种特性

树势较旺，树姿半开张，叶片卵圆形，自然开心形。果实大型，卵圆形或长椭圆形，平均单果重 280g，最大单果重 600g；果点小而稀，果肉乳白色，石细胞少，果心小。可溶性固形物 9.9%，总糖 7.05%，维生素 C 3.52mg/100g，总酸 0.18%。鲜食，也可加工罐头和梨汁。

栽培技术要点

喜深厚肥沃的砂质壤土，株行距 2m×（4~5）m，配备 15% 的授粉树。采取疏散分层形或纺锤形树形，幼树轻剪长放。疏花疏果，亩产控制在 3000kg 以内。加强肥水管理。

适宜种植范围

华北、西北、黄河故道等梨种植区。

1	2
3	

1. 果
2. 果枝
3. 花

云夏

树种：板栗
类别：品种
通过类别：审定
学名：*Castanea mollisima* 'Yunxia'
编号：国 S-SV-CM-035-2008
申请人（单位）：云南省林业科学院

品种特性

树势中等偏强，树姿开张。叶片长椭圆形。坚果椭圆形，果顶微凹，平均单果重 16.5g；果皮黄褐色，茸毛中等；果实成熟期为 7 月中下旬到 8 月上旬期间，出籽率 41.24%，坚果中水分 51.91%，粗蛋白 7.23%，含糖量 21.78%，淀粉 48.41%，粗脂肪 4.81%，果肉糯性。可作干旱地区退耕还林和绿化造林树种；坚果食用。

栽培技术要点

中密度栽植，株行距 4m×5m，种植时挖大穴，每穴施有机肥 50~80kg。树形宜采用开心形。对肥料敏感，喜肥沃、深厚土壤，在管理中增施有机肥、复合肥及微量元素硼和钼等。

适宜种植范围

云南海拔 1300~1800m 较干热的山区、半山区等板栗种植区。

1	2
3	4
	5

1. 花序
2. 果枝
3. 3 年生植株结实状
4. 坚果
5. 球苞

云良

树种： 板栗　**学名：** *Castanea mollisima* 'Yunliang'
类别： 品种　**编号：** 国 S-SV-CM-036-2008
通过类别： 审定　**申请人（单位）：** 云南省林业科学院

品种特性

树势较强，树姿开张。叶片宽披针形。坚果椭圆形，果顶微突，平均单果重 11.28g；果皮紫褐色，茸毛较多；果实成熟期为 8 月下旬，出籽率 41%~58.7%，坚果中水分 50.9%，粗蛋白 7.23%，含糖量 21.87%，淀粉 48.4%，粗脂肪 4.81%，果肉糯性。可作干旱地区退耕还林和绿化造林树种；坚果食用。

栽培技术要点

中密度栽植，株行距 4m × 5m，种植时挖大穴，每穴施有机肥 50~80kg。树形宜采用开心形。幼树修剪采取撑拉开张角度、摘心、短剪及适当缓放的方法，促进早结果。

适宜种植范围

云南海拔 1300~2100m 的山区、半山区等板栗种植区。

1	2
3	4
	5

1. 花序
2. 果枝
3. 3 年生植株结实状
4. 坚果
5. 球苞

丽椪 2 号

树种： 椪柑
类别： 无性系
通过类别： 审定
学名： *Citrus reticulate* 'Lipeng 2'
编号： 国 S-SC-CR-037-2008
申请人（单位）： 浙江省丽水市农业科学研究所、莲都区浙南果树研究所

品种特性

树势强，树冠呈长圆形，叶片披针形，花白色。果实扁圆，果皮橙红，易剥离，单果重100~250g。果实固形物 12.5%，总糖 8.38%，维生素 C 44.91mg/100mL。可鲜食或加工罐头。

栽培技术要点

选择健壮苗木，平地每亩栽植 42 株，山地每亩栽植 75 株。1~3 年生幼树，施氮肥为主，促进营养生长和扩大树冠；4 年生以后，需氮、磷、钾平衡施肥，适当控制营养生长促进坐果，叶果比控制在 40∶1 较合理。修剪成宝塔形树冠。

适宜种植范围

浙江金华、衢州、丽水；福建建阳等椪柑种植区。

1	4
2	
3	5

1. 花
2. 结果状
3. 果实
4. 母本园
5. 3 年生树结果状

寒丰

树种： 核桃
类别： 品种
通过类别： 审定
学名： *Juglans regia* × *J. cordiformis* 'Hanfeng'
编号： 国 S-SV-JR-038-2008
申请人（单位）： 辽宁省经济林研究所

品种特性

嫁接树 2~3 年开始结果，属早实型核桃。坚果长阔圆形，果基圆，顶部略尖。坚果平均重 14.4g，壳厚 1.2mm，核仁黄白色，可取整仁或半仁，平均重 7.6g，出仁率 52.8%。可鲜食或作为加工核桃油、核桃乳、核桃粉的原料。

栽培技术要点

选择 pH6.3~8.2 的壤土和砂壤土，株行距可采用 3m×5m、3m×4m 或 4m×4m，树形可以采用疏散分层形或自然开心形，定植后第 1 年的幼树要防寒。

适宜种植范围

辽宁中南部和西部，河北、山西等核桃种植区。

1	2	3
4		

1. 果枝
2. 果实
3. 坚果
4. 核桃园

辽宁 10 号

树种： 核桃
类别： 品种
通过类别： 审定
学名： *Juglans regia* 'Liaoning 10'
编号： 国 S-SV-JR-039-2008
申请人（单位）： 辽宁省经济林研究所

品种特性

嫁接树 2~3 年开始结果，属早实型核桃。坚果长圆形，果基微凹，顶部微尖。坚果平均重 16.5g，壳厚 1.0mm，核仁黄白色，可取整仁或半仁，平均重 10.3g，出仁率 62.4%。可鲜食或作为加工核桃油、核桃乳、核桃粉的原料。

栽培技术要点

选择 pH6.3~8.2 的壤土和砂壤土，株行距可采用 3m×5m、3m×4m 或 4m×4m，树形可以采用疏散分层形或自然开心形，可以选择'辽宁 1 号'、'辽宁 7 号'等品种作为授粉树，定植后第 1 年的幼树要防寒。

适宜种植范围

辽宁中南部和西部，河北、山西、陕西等核桃种植区。

1	2
3	4

1. 幼树结果状
2. 坚果
3. 果
4. 果枝

桂皱 2 号

树种：千年桐　　学名：*Vernicia montana* 'Guizhou 2'
类别：无性系　　编号：国 S-SC-VM-040-2008
通过类别：审定　　申请人（单位）：广西壮族自治区林业科学研究院

1. 果序
2. 结果单株

品种特性

树冠伞形。盛产期每亩可产桐籽 95kg，气干果平均重 21.1g，气干出籽率 46.9%，气干出仁率 55.5%，绝干桐仁含油率 53.1%。桐油酸价 1.47。可作为工业油漆的主要原料。

栽培技术要点

选择土层深厚、肥沃、疏松、排水良好的砂质壤土造林，上山造林海拔高度不宜超过 600m，成片栽种时，中等肥力土壤的造林密度 42~48 株 / 亩，造林地较肥沃的密度相应小些。一般直接采用 1 年生一、二级无性系嫁接苗栽植，要求砧木粗 2~2.5cm，每亩施农家肥、厩肥、草木灰 800~1000kg 作为基肥。

适宜种植范围

广西、浙江千年桐种植区。

桂皱 6 号

树种： 千年桐
类别： 无性系
通过类别： 审定
学名： *Vernicia montana* 'Guizhou 6'
编号： 国 S-SC-VM-041-2008
申请人（单位）： 广西壮族自治区林业科学研究院

品种特性

树冠伞形或半球形。盛产期每亩可产桐籽 90kg，气干果平均重 19.1g，气干出籽率 41.6%，气干出仁率 41.6%，绝干桐仁含油率 54.3%。桐油酸价 1.35。可作为工业油漆的主要原料。

栽培技术要点

选择土层深厚、肥沃、疏松、排水良好的砂质壤土造林，上山造林海拔高度不宜超过 600m，成片栽种时，中等肥力土壤的造林密度 42~48 株 / 亩，造林地较肥沃的密度相应小些。一般直接采用 1 年生一、二级无性系嫁接苗栽植，要求砧木粗 2~2.5cm，每亩施农家肥、厩肥、草木灰 800~1000kg 作为基肥。

适宜种植范围

广西、浙江千年桐种植区。

1	
2	3

1. 单株
2. 果序
3. 结果状

林 木 良 种 名 录
atalog of improved varieties of forest trees
2009
年

长岭岗日本落叶松家系 224

树种：日本落叶松
类别：家系
通过类别：审定
学名：*Larix kaempferi* 'Changlinggang 224'
编号：国 S-SF-LK-001-2009
申请人（单位）：中国林业科学研究院林业研究所

品种特性

树冠塔形，狭冠。树干通直，尖削度小。树皮红褐色。球果广卵形。材性优良。抗寒、耐雪压能力及抗病虫能力较强。适于营建纸浆材原料林。

栽培技术要点

无性繁殖。家系种子育苗，选择超级苗营建采穗圃。用全光雾插技术育苗，家系种子播种育苗同落叶松常规育苗。造林地宜选择土层厚 50cm 以上的暗棕壤或黄棕壤土。

适宜种植范围

湖北等中、北亚热带 1200~1900m 的日本落叶松适宜栽培区。

1	2
3	4
5	6

1. 枝
2. 球花
3. 叶
4. 未成熟球果
5. 干形
6. 试验林

长岭岗日本落叶松家系 340

树种： 日本落叶松
类别： 家系
通过类别： 审定
学名： *Larix kaempferi* 'Changlinggang 340'
编号： 国 S-SF-LK-002-2009
申请人（单位）： 中国林业科学研究院林业研究所

品种特性

树冠塔形，狭冠。树干通直，尖削度小。树皮深褐色，枝细平展。干材率高，材性优良。枝条细柔韧性好，抗倒伏和雪压、雪折能力强。适于营建纸浆材原料林。

栽培技术要点

无性繁殖。家系种子育苗，选择超级苗营建采穗圃。全光雾插技术育苗，家系种子播种育苗同落叶松常规育苗。造林地宜选择土层厚 50cm 以上的暗棕壤或黄棕壤土。

适宜种植范围

湖北、湖南、重庆等中、北亚热带海拔 1200~1900m 的日本落叶松适宜栽培区。

1. 叶片
2. 枝
3. 球果
4. 试验林

欧美杨 107杨(尼娃)

树种：欧美杨
类别：品种
通过类别：审定
学名：*Populus* ×*euramericana* 'Neva'
编号：国 S-SV-PE-003-2009
申请人（单位）：张绮纹

品种特性

树干通直，树冠窄。早期速生，抗风折、抗病虫害能力强。扦插繁殖容易，成活率 95% 以上。适于营建短周期工业用材林。

栽培技术要点

扦插繁殖。选用 1 年生苗木质化程度高的中下部苗干作种条，秋季落叶后采集，冬藏春插。每亩扦插 3000 株，插后立即灌足水。也可嫩枝扦插、短芽大棚和组培等方式育苗。造林地宜选砂壤土、壤土或轻壤土，土壤 pH7~8.5，不宜盐碱地、山地造林。

适宜种植范围

河北、北京、山东、河南等欧美杨适宜栽培区。

1	2	3
4	5	

1. 树皮
2. 苗木叶芽
3. 叶片
4. 人工林（河北文安县，4 年生）
5. 大树

欧美杨 108 杨（库安托）

树种：欧美杨
类别：品种
通过类别：审定
学名：*Populus* × *euramericana* 'Guariento'
编号：国 S-SV-PE-004-2009
申请人（单位）：张绮纹

品种特性

树干通直，树冠窄。早期速生，抗风折、抗病虫害能力强。扦插繁殖容易，成活率 95% 以上。适于短周期工业用材林造林用品种。

栽培技术要点

扦插繁殖。选用 1 年生苗木质化程度高的中下部苗干作种条，秋季落叶后采集，冬藏春插。每亩扦插 3000 株，插后立即灌足水。也可嫩枝扦插、短芽大棚和组培等方式育苗。造林地宜选砂壤土、壤土或轻壤土，土壤 pH7~8.5，不宜盐碱地、山地造林。

适宜种植范围

河北、北京、山东、河南等欧美杨适宜栽培区。

1	2	3
4		5

1. 树皮
2. 苗木叶芽
3. 叶片
4. 大树
5. 人工林（北京顺义，5 年生）

醉鱼木

树种： 互叶醉鱼草
类别： 品种
通过类别： 审定

学名： *Buddleja alternifolia* 'Zuiyumu'
编号： 国 S-SV-BA-005-2009
申请人（单位）： 宁夏回族自治区林业研究所（有限公司）

品种特性

灌木。树高可达 3m，冠辐可达 4m。花期 5~6 月。叶片小，根系较深，耐干旱、严寒、抗逆性较强，耐土壤瘠薄，抗风沙。花色艳丽，花序优雅。可用于道路、广场、公园和庭院绿化美化，也可用于沙荒地、荒山造林或水土保持林等。

栽培技术要点

用半木质化嫩枝扦插繁殖，插穗 8~10cm，插深 2~3cm，插床温度 28~30℃，湿度 90% 以上为宜，60 天后移栽定植。裸根苗春秋都可栽，容器苗整个生长季都可栽。栽植穴 30cm × 30cm × 30cm，栽植深度达根际上 3~5cm 为宜。

适宜种植范围

宁夏、内蒙古、陕西、山西、北京、天津等地生态适宜区。

1	2
3	4

1. 花枝
2. 5 年生单株
3. 银川森淼生态旅游区沙化土地片植
4. 嫩枝扦插育苗

中华金叶榆

树种：白榆	学名：*Ulmus pumila* 'Zhonghua Jinye'
类别：品种	编号：国 S-SV-UP-006-2009
通过类别：审定	申请人（单位）：河北省林业科学研究院

品种特性

叶片金黄，色泽艳丽，分枝紧密，耐修剪，易造型。适宜作行道树、绿化美化树种。对土壤要求不严，微酸、微碱皆可。

栽培技术要点

可用半木质化嫩枝扦插繁殖，插条长 15cm，插深 4cm，上留 2~3 片叶，株行距 5cm × 5cm。前期遮阴 15 天，30 天后移栽。

适宜种植范围

河北、河南、辽宁、吉林、宁夏等地的白榆适生区。

1. 叶
2. 花
3. 条状设计
4. 灌丛苗试验林
5. 球形苗试验林
6. 色块配置

1	2
3	4
5	6

华玉

树种：桃　　学名：*Prunus persica* 'Huayu'
类别：品种　　编号：国 S-SV-PP-007-2009
通过类别：审定　　申请人（单位）：姜全、郭继英、赵建波、陈青华

品种特性

果实圆形，果顶圆，缝合线浅；果皮底色黄白，果皮中厚，不易剥离；果肉白色，近核处少量红色。汁液中树体和花芽抗寒能力强，北京地区 8 月中下旬成熟。

栽培技术要点

毛桃或山桃作砧木嫁接繁殖。栽植株行距（2~4）m × 5m，株距依树形而定，轻剪为主。果实成熟前 20~30 天增施钾肥。适时采收，过晚会出现落果现象。该品种无花粉，栽植时应配置授粉树或人工授粉。

适宜种植范围

北京、河北、甘肃桃适宜栽培区种植。

1. 果实
2. 母树
3. 结果状
4. 北京市平谷区大华山镇瓦关头试验园

沪油桃 018

树种： 桃
类别： 品种
通过类别： 审定
学名： *Prunus persica* 'Huyou 018'
编号： 国 S-SV-PP-008-2009
申请人（单位）： 上海市农业科学院

品种特性

果实椭圆形，果顶圆平，对称；果面底色浅黄，阳面紫红色；果皮较厚，不易剥离；果肉黄色，肉质致密，脆硬，汁液中等，纤维少，味甜有香气；粘核。果实生育期85天，基本无裂果。抗桃炭疽病，排水不畅时易发生实腐病和流胶病。露地、设施栽培皆可。鲜食、制罐、制汁兼用。

栽培技术要点

在南方需深沟高畦栽植，注意排水；幼树宜轻剪，并通过摘心利用副枝培养结果枝组，及时疏果，合理负载，保证果实大小和提高品质。该品种有花粉，无需配置授粉树或人工授粉。

适宜种植范围

上海、浙江桃适宜栽培区种植。

果实

华鑫

树种：油茶
类别：无性系
通过类别：审定
学名：*Camellia oleifera* 'Huaxin'
编号：国 S-SC-CO-009-2009
申请人（单位）：谭晓风

品种特性

树冠自然圆头。叶宽卵形，叶色较深。果实较大，扁圆形，果皮 4~5 裂，种籽数 7~15 粒。鲜果出籽率 52.56%，种子百粒重 310.37g，干籽含油率 39.97%。抗逆性强，病虫害少。丰产稳产。

栽培技术要点

芽苗砧嫁接。培育容器苗或轻质苗栽植。栽植时施足基肥，配置授粉树，株行距 2m × 3m。

适宜种植范围

湖南油茶适宜栽培区。

1. 种子与果实
2. 果实对比
3. 丰产林结果情况
4. 结果幼树
5. 结果大树

华金

树种：油茶
类别：无性系
通过类别：审定
学名：*Camellia oleifera* 'Huajin'
编号：国 S-SC-CO-010-2009
申请人（单位）：谭晓风

品种特性

树冠纺锤形。叶卵形，浓绿富光泽。果实较大，青色，椭圆形，心皮 3~4 个，种籽数 6~10 粒。鲜果出籽率 36.38%，种子百粒重 220.82g，干籽含油率 46.00%。抗逆性强，病虫害少。丰产稳产。

栽培技术要点

芽苗砧嫁接。培育容器苗或轻质苗栽植。栽植时施足基肥，配置授粉树，株行距 2m × 3m。

适宜种植范围

湖南油茶适宜栽培区。

1	2	4
3		
5	6	

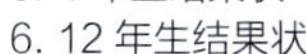

1. 种子与果实
2. 结果枝
3. 果实对比
4. 4 年生树开花情况
5. 4 年生结果状
6. 12 年生结果状

华金

湘林 210

华硕

树种： 油茶
类别： 无性系
通过类别： 审定
学名： *Camellia oleifera* 'Huashuo'
编号： 国 S-SC-CO-011-2009
申请人（单位）： 谭晓风

品种特性

树冠圆头形，树体紧凑。叶卵形，反卷，墨绿色。果实硕大，橘形，成熟时黄色。心皮 4 个，种籽数 12~18 粒。鲜果出籽率 42.36%，种子百粒重 250.0g，干籽含油率 41.71%。丰产稳产，抗炭疽病能力强。

栽培技术要点

芽苗砧嫁接。培育容器苗或轻质苗栽植。栽植时施足基肥，配置授粉树，株行距 2m × 3m。

适宜种植范围

湖南油茶适宜栽培区。

1	2
3	5
4	

1. 结果枝
2. 结果大树
3. 果实对比
4. 果实
5. 丰产林结果情况

华硕

湘林 210

湘林 5 号

树种： 油茶
类别： 无性系
通过类别： 审定
学名： *Camellia oleifera* 'Xianglin 5'
编号： 国 S-SC-CO-012-2009
申请人（单位）： 湖南省林业科学院

品种特性

树冠自然圆头形。分枝力强，枝叶浓密，生长旺盛。果球形，鲜果大小 17~30 个 /500g，青黄或青红色。花期 11 月初至 12 月。鲜果出籽率 45.2%，种仁含油率 50.3%，鲜果含油率 9.4%，平均亩产油 48.8kg。茶油油酸 77.91%，亚油酸 9.48%。可用于食用植物油生产。

栽培技术要点

芽苗砧嫁接繁殖为主，扦插、组织培养繁殖也可。选择低山丘陵林地种植，带状或块状整地，施足基肥，75~110 株 / 亩。加强水肥管理，合理修剪，防治病虫害。

适宜种植范围

湖南、广西、江西油茶适宜栽培区。

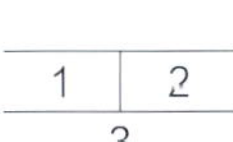

1. 花
2. 果
3. 结果母树

湘林 27 号

树种：油茶
类别：无性系
通过类别：审定
学名：*Camellia oleifera* 'Xianglin 27'
编号：国 S-SC-CO-013-2009
申请人（单位）：湖南省林业科学院

品种特性

树冠自然圆头形。分枝力强，枝叶浓密，生长旺盛。鲜果大小 18~30 个 /500g，果青红色卵球形，有浅棱。花期 10 月下旬至 12 月。鲜果出籽率 48.7%，种仁含油率 34.7%，鲜果含油率 10.2%，平均亩产油 66.4kg。茶油油酸 81.27%，亚油酸 8.96%。可用于食用植物油和化妆品等生产。

栽培技术要点

芽苗砧嫁接繁殖为主，扦插、组织培养繁殖也可。选择低山丘陵林地种植，带状或块状整地，施足基肥，75~110 株 / 亩。加强水肥管理，合理修剪，防治病虫害。

适宜种植范围

湖南、广西、江西油茶适宜栽培区。

1	2
3	

1. 花
2. 果
3. 结果母树

湘林 56 号

树种：油茶
类别：无性系
通过类别：审定
学名：*Camellia oleifera* 'Xianglin 56'
编号：国 S-SC-CO-014-2009
申请人（单位）：湖南省林业科学院

品种特性

树冠自然圆头形，冠开张，树形较小。果卵形至橄榄形，鲜果大小 28~57 个 /500g，果青红或紫红色，早花早熟。花期 10 月中下旬至 12 月。鲜果出籽率 39.4%，种仁含油率 45.4%，平均亩产油 56.2kg。茶油油酸 86.07%，亚油酸 4.08%。可用于食用植物油和化妆品等生产。

栽培技术要点

芽苗砧嫁接繁殖为主，扦插、组织培养繁殖也可。选择低山丘陵林地种植，带状或块状整地，施足基肥，75~110 株 / 亩。加强水肥管理，合理修剪，防治病虫害。

适宜种植范围

湖南、广西、江西油茶适宜栽培区。

1. 结果母树
2. 花
3. 果

湘林 67 号

树种：油茶
类别：无性系
通过类别：审定
学名：*Camellia oleifera* 'Xianglin 67'
编号：国 S-SC-CO-015-2009
申请人（单位）：湖南省林业科学院

品种特性

树冠自然圆头形。分枝力强，枝叶茂盛，生长旺盛。鲜果大小 20~36 个 /500g，果青红或青黄色卵球形。花期 10 月中旬至 12 月。鲜果出籽率 44.4%，种仁含油率 60.4%，鲜果含油率 9.1%，平均亩产油 69.6kg。茶油油酸 81.13%，亚油酸 7.37%。可用于食用植物油和化妆品等生产。

栽培技术要点

芽苗砧嫁接繁殖为主，扦插、组织培养繁殖也可。选择低山丘陵林地种植，带状或块状整地，施足基肥，75~110 株 / 亩。加强水肥管理，合理修剪，防治病虫害。

适宜种植范围

湖南、广西、江西油茶适宜栽培区。

1. 结果母树
2. 花
3. 果

湘林 69 号

树种：油茶
类别：无性系
通过类别：审定
学名：*Camellia oleifera* 'Xianglin 69'
编号：国 S-SC-CO-016-2009
申请人（单位）：湖南省林业科学院

品种特性

树冠自然圆头形，分枝力强，枝叶浓密，生长旺盛。籽黑，大小均匀。鲜果大小 26-41 个 /500g，果青红或黄红色卵球形。花期 10 月中旬至 12 月。鲜果出籽率 48.0%，种仁含油率 55.5%，鲜果含油率 13.0 %，平均亩产油 75.5kg。茶油油酸 81.63 %，亚油酸 7.19 %。可用于食用植物油和化妆品等生产。

栽培技术要点

芽苗砧嫁接繁殖为主，扦插、组织培养繁殖也可。选择低山丘陵林地种植，带状或块状整地，施足基肥，75~110 株 / 亩。加强水肥管理，合理修剪，防治病虫害。

适宜种植范围

湖南、广西、江西油茶适宜栽培区。

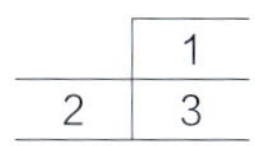

1. 结果母树
2. 花
3. 果

湘林 70 号

树种： 油茶
类别： 无性系
通过类别： 审定
学名： *Camellia oleifera* 'Xianglin 70'
编号： 国 S-SC-CO-017-2009
申请人（单位）： 湖南省林业科学院

品种特性

树冠自然圆头形，分枝力强，生长旺盛。花径较小。籽黑亮大小均匀。果卵球或橄榄形，青黄或青红色。花期 10 月中旬至 12 月。鲜果出籽率 41.6%，种仁含油率 57.3%，鲜果含油率 12.0%，平均亩产油 58.2kg。茶油油酸 79.51%，亚油酸 7.64%。可用于食用植物油生产。

栽培技术要点

芽苗砧嫁接繁殖为主，扦插、组织培养繁殖也可。选择低山丘陵林地种植，带状或块状整地，施足基肥，75~110 株 / 亩。加强水肥管理，合理修剪，防治病虫害。

适宜种植范围

湖南、广西、江西油茶适宜栽培区。

1. 花
2. 果
3. 结果母树

湘林 82 号

树种：油茶　　**学名：***Camellia oleifera* 'Xianglin 82'
类别：无性系　　**编号：**国 S-SC-CO-018-2009
通过类别：审定　　**申请人（单位）：**湖南省林业科学院

品种特性

树冠自然圆头形，分枝力强，生长旺盛。鲜果大小 17-30 个 /500g，果青黄或青红色卵形，果皮较薄。花期 10 月下旬至 12 月。鲜果出籽率 53.6%，种仁含油率 54.4%，鲜果含油率 12.4%，平均亩产油 73.2kg。茶油油酸 78.78%，亚油酸 8.15%。可用于食用植物油生产。

栽培技术要点

芽苗砧嫁接繁殖为主，扦插、组织培养繁殖也可。选择低山丘陵林地种植，带状或块状整地，施足基肥，75~110 株 / 亩。加强水肥管理，合理修剪，防治病虫害。

适宜种植范围

湖南、广西、江西油茶适宜栽培区。

1 | 2 | 3

1. 结果母树
2. 花
3. 果

湘林 97 号

树种：油茶
类别：无性系
通过类别：审定
学名：*Camellia oleifera* 'Xianglin 97'
编号：国 S-SC-CO-019-2009
申请人（单位）：湖南省林业科学院

品种特性

树冠自然圆头形，分枝力强，生长旺盛。花径较大。果多，鲜果大小 18~40 个 /500g，果红或青红色卵球形。花期 10 月下旬至 12 月。鲜果出籽率 47.6%，种仁含油率 50.5%，鲜果含油率 10.9%，平均亩产油 60.1kg。茶油油酸 86.37%，亚油酸 3.63%。可用于食用植物油和化妆品等生产。

栽培技术要点

芽苗砧嫁接繁殖为主，扦插、组织培养繁殖也可。选择低山丘陵林地种植，带状或块状整地，施足基肥，75~110 株 / 亩。加强水肥管理，合理修剪，防治病虫害。

适宜种植范围

湖南、广西、江西油茶适宜栽培区。

1. 花
2. 果
3. 结果母树

林木良种名录

atalog of improved varieties of forest trees

2010年

湖北利川水杉母树林种子

树种：水杉

类别：母树林种子

通过类别：审定

学名：*Metaseqoia glyptostroboides*

编号：国 S-SS-MG-001-2010

申请人（单位）：湖北省利川市林业局

品种特性

落叶乔木。年均高生长量 1.0m，年均径生长量 1.3cm，种子平均千粒重 2.3g。木材品质轻软，心材色泽微红，边材淡色。耐水湿，可作为防护林网、道路、四旁植树、园林城市景观树种。

栽培技术要点

适宜土层深厚、肥沃立地，冬、春两季造林，造林密度 3m×2m 以上，成林后疏伐成 6m×4m 间距。

适宜种植范围

长江中下游平原、洞庭湖区、江汉平原、华北平原南部、四川盆地等地。

1	2
3	4

1. 种子
2. 花序与球果
3. 母树林单株
4. 结种母树林

丽白

树种：杞柳
类别：品种
通过类别：审定
学名：*Salix integra* 'Libai'
编号：国 S-SV-SI-002-2010
申请人（单位）：山东省莒南县林业局

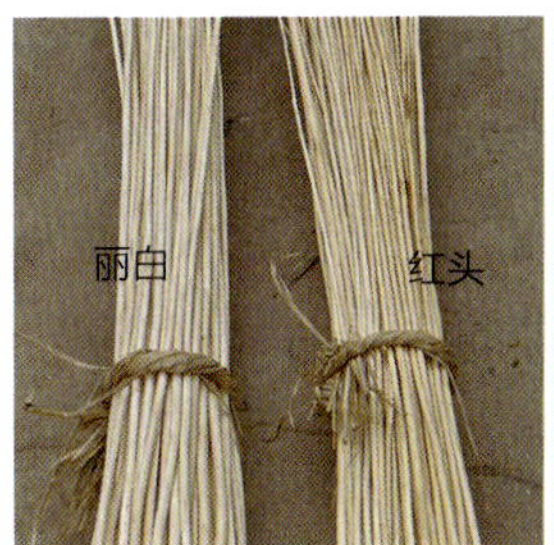

品种特性

不分杈，去皮干条洁白、无刺、无疤痕，表面有丝状光泽，水泡后质地柔软，弯曲不起刺，光洁度好。山东省内扦插当年夏季干条可达 7800kg/hm^2，河南等地扦插当年夏条产量可达 7500kg/hm^2。适用于作柳编原料。

栽培技术要点

基肥以每亩施 1.5m^3 有机肥加 30kg 复合肥为好，每年分别在夏条 50cm、150cm 和秋条 20cm 时进行追肥，每次施尿素 10kg/ 亩；正常年份浇水 2~4 次，每年 3~4 次防治病虫害。经济寿命 5 年为宜。

适宜种植范围

山东临沂、济宁；江苏徐州、连云港；安徽阜阳；河南固始等杞柳栽培区。

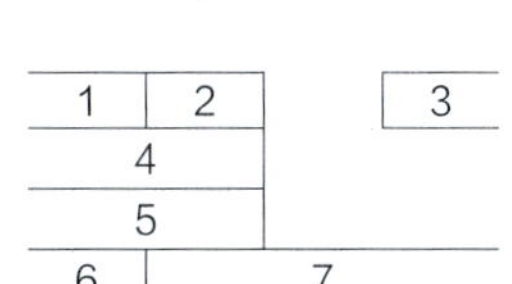

1. 干条性状对比
2. 芽柳（种条）
3. 枝条对比
4. 长势比较
5. 芽柳特征
6. 植株生长情况
7. （丽白）杞柳的应用

南林 862 杨

树种：美洲黑杨
类别：无性系
通过类别：审定
学名：*Populus deltoides* 'Nanlin 862'
编号：国 S-SC-PD-003-2010
申请人（单位）：潘惠新

品种特性

雄株，树冠中等。在江苏泗洪 10 年生树高 27.7m，胸径 35.4cm，单株材积 0.8726m^3，比该地区主栽品种 I-69 杨材积生长量提高 32.8%；木材基本密度为 0.332g/cm^3，提高 3.5%；单板出材率可提高 25.3%。抗杨树黑斑病，耐水湿。可作为单板用材树种。

栽培技术要点

用高 4.0m 以上大苗壮苗，大穴造林，穴规格为 1m×1m×1m，栽植时大水大肥。单板用材的栽植密度为 270~400 株 /hm^2。最佳轮伐期为 10~15 年。

适宜种植范围

长江中下游杨树栽培区。

1. 叶形态
2. 叶背形态
3. 枝条
4. 花序
5. 树皮
6. 株形

1	2	3
4	5	6

南林 3804 杨

树种： 美洲黑杨
类别： 无性系
通过类别： 审定
学名： *Populus deltoides* 'Nanlin 3804'
编号： 国 S-SC-PD-004-2010
申请人（单位）： 潘惠新

品种特性

雄株，树冠中等。在江苏宝应 12 年生树高 31.0m，胸径 37.1cm，单株材积 1.0404m^3，比该地区主栽品种 I-69 杨材积生长量提高 17.2%；木材基本密度为 0.328g/cm^3，提高 3.0%，单板出材率可提高 28.6%。抗杨树黑斑病，耐水湿。可作为单板用材树种。

栽培技术要点

用高 4.0m 以上大苗壮苗，大穴造林，穴规格为 1m×1m×1m，栽植时大水大肥。单板用材的栽植密度为 270~400 株 /hm^2。最佳轮伐期为 10~15 年。

适宜种植范围

长江中下游杨树栽培区。

1	2	3	4
5	6		7

1. 叶形态
2. 叶背形态
3. 枝条
4. 花芽
5. 花序
6. 树皮
7. 株形

南林 3412 杨

树种： 美洲黑杨
类别： 无性系
通过类别： 审定
学名： *Populus deltoides* 'Nanlin 3412'
编号： 国 S-SC-PD-005-2010
申请人（单位）： 潘惠新

品种特性

雄株，树冠中等。在江苏宝应 12 年生树高 31.8m，胸径 37.3cm，单株材积 1.0818m^3，比该地区主栽品种 I-69 杨材积生长量提高 21.9%；木材基本密度为 0.330g/cm^3，提高 3.0%，单板出材率可提高 28.1%。抗杨树黑斑病，耐水湿。可作为单板用材树种。

栽培技术要点

用高 4.0m 以上大苗壮苗，大穴造林，穴规格为 1m × 1m × 1m，栽植时大水大肥。单板用材的栽植密度为 270~400 株 /hm^2。最佳轮伐期为 10~15 年。

适宜种植范围

长江中下游杨树栽培区。

1	2	3	4
5		6	7

1. 叶形态
2. 叶背形态
3. 枝条
4. 花芽
5. 花序
6. 树皮
7. 株形

四季

树种：青绿薹草	**学名：***Carex leucochlora* 'Siji'
类别：品种	**编号：**国 S-SV-CL-006-2010
通过类别：审定	**申请人（单位）：**北京草业与环境研究发展中心

品种特性

冷季型宿根草本植物。叶片形成厚密的株丛，自然株高 32cm 左右。春季花序自然质朴，花果期为 3 月上中旬至 5 月上旬。北京地区 3 月 15 日左右返青，11 月中旬枯黄，绿色期 240 余天。适宜作为耐阴地被。

栽培技术要点

对土壤的适应性广，壤土、黏土、轻质砂土都可正常生长。栽植深度以覆盖根际为宜，移栽后需浇透水。为了春季萌芽良好，冬前、春前各灌溉 1 次。花果期不宜移栽。

适宜种植范围

山东、河北中南部及北京平原地区的林下及其他公共绿地。

1	3
2	
4	5

1. 单株
2. 花序
3. 繁殖田
4. 试验田
5. 园林应用

翠玉

树种：绿爬山虎
类别：品种
通过类别：审定
学名：*Parthenocissus laetivirens* 'Cuiyu'
编号：国 S-SV-PL-007-2010
申请人（单位）：中国林业科学研究院林业研究所

品种特性

叶色翠绿，幼叶褐色。分枝多，一株当年扦插苗覆盖面积可达 $4m^2$，卷须及不定根发达，垂直攀缘时不需要人为的固定措施。在 78% 遮光条件下，植株可以正常生长，在 - 10℃条件下，枝条可保持 50% 的存活率，高温高湿条件下生长更旺盛。可用于建筑物立面绿化，公路两侧、河岸边坡及裸露地面植被覆盖。

栽培技术要点

用于公路两侧及河岸边坡覆盖时，挖直径 30cm、深 50cm 的种植穴，填入客土（干旱地段可加保水剂）、肥料后，植入枝藤长度 1m 以上的 1 年生或 2 年生种苗，压实、定植、浇水，保证种植穴土面低于周围地面；用于建筑物立面绿化时，在距离绿化目标 40~50cm 挖直径 50cm、深 50cm 的种植穴，填入 20cm 厚的肥土，植入枝藤长度 1m 以上的 1 年生或 2 年生种苗，加入原位固有土壤踏实，浇水后再覆 3~4cm 土层即可；用于裸露地面植被恢复时，2 年生种苗按株行距 30~40cm × 30~40cm 进行穴植，种植穴直径 30cm、深 40cm，放入种苗后按普通植树方法栽植。

适宜种植范围

山东、河北中南部及北京平原地区的公园林下、公路两侧及河岸边坡、城市立交桥等人工建筑物立面。

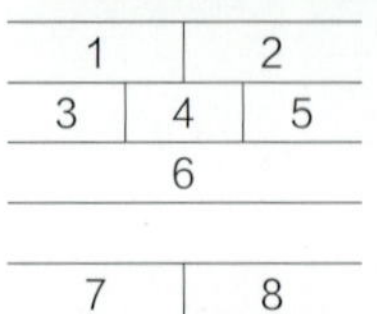

1. 当年生枝
2. 单株枝蔓
3. 叶片近轴面
4. 叶片远轴面
5. 卷须
6. 垂直绿化近景
7. 坡体绿化近景
8. 裸露地绿化

加引 1 号

树种：五叶爬山虎　**学名**：*Parthenocissus quinquefolia* 'Jiayin 1'
类别：品种　**编号**：国 S-SV-PQ-008-2010
通过类别：审定　**申请人（单位）**：中国林业科学研究院林业研究所

品种特性

叶色浓绿，叶片绿色期长，在北京地区绿色期可达 210 天。一株当年扦插苗覆盖面积可达 $5m^2$，卷须及不定根发达，吸盘吸附力强，垂直攀缘时不需要人为的固定措施。在 90% 遮光条件下，植株可以正常生长，在 - 20℃条件下，枝条可保持 50% 的存活率。可用于公共绿地、公路两侧、河岸边坡及城市立交等人工建筑物立面。

栽培技术要点

用于公路两侧及河岸边坡覆盖时，挖直径 30cm、深 50cm 的种植穴，填入客土（干旱地段可加保水剂）、肥料后，植入枝藤长度 1m 以上的 1 年生或 2 年生种苗，压实、定植、浇水，保证种植穴土面低于周围地面；用于庭院、建筑物立面绿化时，将大苗自根基部起剪留至 40cm 左右，在距离绿化目标 40~50cm 挖直径 50cm、深 50cm 的种植穴，填入 20cm 厚的肥土，放入苗子后加入原位固有土壤踏实，浇水后再覆 3~4cm 土层即可；用于土石荒山植被恢复时，2 年生种苗按株行距 30~40cm × 30~40cm 进行穴植，种植穴直径 30cm、深 40cm，放入种苗后按普通植树方法栽植。

适宜种植范围

山东、河北中南部及北京平原地区的公共绿地、公路两侧及河岸边坡、城市立交等人工建筑物立面。

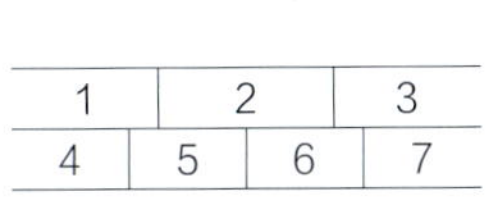

1. 叶正面
2. 叶反面
3. 裸石绿化
4. 枝蔓
5. 卷须与枝
6. 嫩枝卷须
7. 裸露地绿化

早脆王

树种： 枣　　**学名：** *Ziziphus jujuba* 'Zaocuiwang'
类别： 品种　　**编号：** 国 S-SV-ZJ-009-2010
通过类别： 审定　　**申请人（单位）：** 河北省沧县金丝小枣良繁场

品种特性

树势中强，结果后树势渐缓。在河北沧州 8 月中旬成熟，比当地金丝小枣提前 40 天，在山西运城 8 月上旬成熟，比当地梨枣提前 30 天。果色鲜红，高接第三年亩产 600~1000kg，平均单果重 30.9g，最大单果重 98g，可食率 96.7%，成熟果可溶性固形物 39%，维生素 C 360mg/100g。适于鲜食和加工。

栽培技术要点

选择土层深厚、光照充足的圃地建园，春秋两季栽种。施足基肥的条件下，于发芽前、初花期、幼果期追肥 3 次，栽培过程中做好冬剪、夏剪、开甲、除草、防治病虫等工作。

适宜种植范围

河北、山西、江西、浙江等地枣栽培区。

	1
2	3
4	5

1. 花和叶　4. 幼树
2. 果实　5. 木质化枣吊结果状
3. 结果状

沧蜜 1 号

树种：枣
类别：品种
通过类别：审定
学名：*Ziziphus jujuba* 'Cangmi 1'
编号：国 S-SV-ZJ-010-2010
申请人（单位）：河北省沧州市农林科学院

品种特性

树势强，树体较大。平均单果重 17.2g，最大单果重 35.2g，果形指数 1.2，整齐度 0.73，可食率 97.7%。8 月中旬白熟，9 月上中旬完熟。主要用作加工蜜枣，白熟期为最佳采收期。

栽培技术要点

树形主要采用自然圆头形和纺锤形。栽植密度 3m × 5m 为宜，在开花量 20%~30% 时开甲。春季萌芽前，氮、磷、钾肥一次性施入，适时防治病虫害。

适宜种植范围

山东、河北、天津等地金丝小枣分布区种植。

1	2	3
4	5	

1. 花和叶
2. 果实
3. 果实横、纵剖面
4. 结果状
5. 试验林

曙光

树种：枣
类别：品种
通过类别：审定
学名：*Ziziphus jujuba* 'Shuguang'
编号：国 S-SV-ZJ-011-2010
申请人（单位）：王振亮

品种特性

树势中庸，树冠自然半圆形。高接换头当年即可结果，2~3 年逐步进入结果期，4~5 年逐步进入盛果期。平均单果重 12.2g，最大单果重 16.5g，大小均匀，鲜枣可溶性固形物含量 26.5%，可食率 95.8%。适于制干枣和蜜枣，制干率 55.4%，制干后的红枣总糖 77%，有机酸 0.31%，维生素 C 5.57mg/100g。

栽培技术要点

栽植密度 2.5m×4m、3m×4m 较为合理，定植穴长、宽、深各 50cm。秋施有机肥，花期、幼果期、果实膨大期追肥，注意病虫害防治。

适宜种植范围

河北、河南、山西等地枣树适生区。

1	2	3
4		

1. 果实剖面
2. 脆熟期
3. 开花状
4. 丰产

京枣 18

树种： 枣　　**学名：** *Ziziphus jujuba* 'Jingzao18'
类别： 品种　　**编号：** 国 S-SV-ZJ-012-2010
通过类别： 审定　　**申请人（单位）：** 北京市农林科学院林业果树研究所

品种特性

树势中等。果实大小整齐，近圆形，平均单果重 11.7g，最大单果重 13.8g，可溶性固形物 34.1%，总糖 21.43%，有机酸 1.44%，是普通鲜食枣品种的 4 倍，维生素 C 141.8mg/100g。可鲜食和加工枣汁。

栽培技术要点

栽植密度 2m × 3m 为宜，冬夏结合修剪保持通风透光，施肥以有机肥为主，化肥为辅，注意疏花疏果和病虫害防治。

适宜种植范围

内蒙古鄂尔多斯以南的华北地区、新疆南疆地区等枣栽培区。

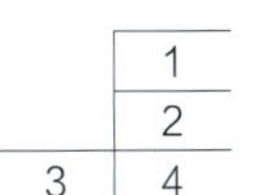

1. 结果状
2. 果实丰产
3. 果实
4. 与野生酸枣对比

京枣 28

树种：枣

类别：品种

通过类别：审定

学名：*Ziziphus jujuba* ‘Jingzao28’

编号：国 S-SV-ZJ-013-2010

申请人（单位）：北京市农林科学院林业果树研究所

品种特性

树势强。果实大小整齐，果大，苹果形，平均单果重 33.6g，最大单果重 45.5g，可溶性固形物 28.4%，总糖 21.6%，有机酸 0.4%，维生素 C 275mg/100g。适于鲜食。

栽培技术要点

栽植密度 2m × 3m 或 4m × 3m 为宜，冬夏结合修剪保持通风透光，施肥以有机肥为主，化肥为辅，注意疏花疏果和病虫害防治。

适宜种植范围

内蒙古鄂尔多斯以南的华北地区、新疆南疆地区等枣栽培区。

<table>
<tr><td>1</td><td>2</td></tr>
<tr><td>3</td><td rowspan="2">5</td></tr>
<tr><td>4</td></tr>
</table>

1. 果实剖面
2. 标准果
3、4. 果实
5. 结果状

京枣 31

树种： 枣
类别： 品种
通过类别： 审定
学名： *Ziziphus jujuba* 'Jingzao31'
编号： 国 S-SV-ZJ-014-2010
申请人（单位）： 北京市农林科学院林业果树研究所

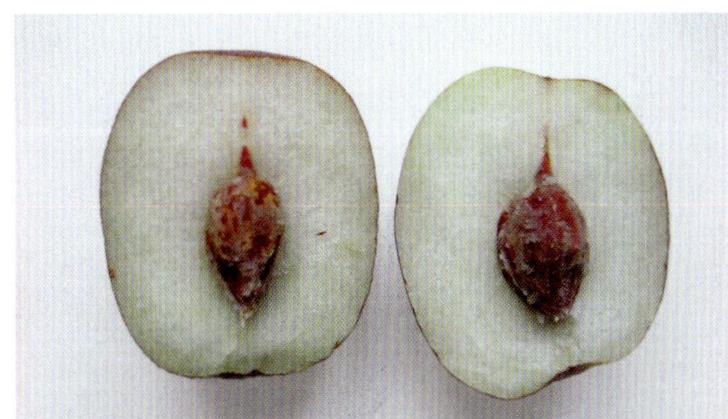

品种特性

树势中强。果近圆形或圆柱形，平均单果重 12.6g，最大单果重 16.5g，可溶性固形物 31.6%，总糖 23.3%，有机酸 0.6%，维生素 C 310mg/100g。适于鲜食和加工。

栽培技术要点

栽植密度 2m×3m 或 4m×3m 为宜，冬夏结合修剪保持通风透光，施肥以有机肥为主，化肥为辅，注意病虫害防治。

适宜种植范围

内蒙古鄂尔多斯以南的华北地区、新疆南疆地区等枣栽培区。

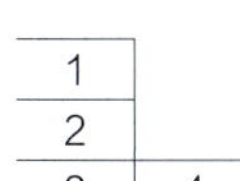

1. 果实纵剖面
2. 丰产状
3. 脆熟期果
4. 果形

京枣 60

树种：枣
类别：品种
通过类别：审定
学名：*Ziziphus jujuba* 'Jingzao 60'
编号：国 S-SV-ZJ-015-2010
申请人（单位）：北京市农林科学院林业果树研究所

品种特性

树势中强。果近圆锥形，平均单果重25.6g，最大单果重31.4g，可溶性固形物26%，总糖18.6%，有机酸0.54%，维生素C 324mg/100g。适于鲜食和加工。

栽培技术要点

栽植密度2m×3m或4m×3m为宜，冬夏结合修剪保持通风透光，施肥以有机肥为主，化肥为辅，注意疏花疏果和病虫害防治。

适宜种植范围

内蒙古鄂尔多斯以南的华北地区、新疆南疆地区等枣栽培区。

1	2
3	4

1. 果形
2. 脆熟期果
3. 成熟期果
4. 丰产状

丽春

树种：桃
类别：品种
通过类别：审定
学名：*Prunus persica* 'Lichun'
编号：国 S-SV-PP-016-2010
申请人（单位）：北京市农林科学院农业综合发展研究所

品种特性

树姿半开张，树势较旺盛。果实近圆稍长，全面着鲜红色，有玫瑰红色斑条纹，半粘核，平均单果重 141g，最大单果重 166g，可溶性固形物 11.2%，可溶性糖 8.7%，总酸 3.04g/kg，维生素 C 5.03mg/100g。适于鲜食。

栽培技术要点

选择排水良好，土层深厚，光照充足的地块建园。露地栽种行株距以 5m×3m、4m×3m、5m×2m 为宜；增施基肥，以有机肥为主，配合磷、钾肥，最好于落花后追施果树专用肥；及时夏剪，以改善光照，增进果实着色。注意疏花疏果和病虫害防治。

适宜种植范围

北京、河北、山东等地桃栽培区。

	1
2	3
4	5

1. 标准果
2. 对果
3. 丰产状
4. 区试试验（北京顺义）
5. 区试试验（山东莒县）

超红珠

树种： 桃
类别： 品种
通过类别： 审定
学名： *Prunus persica* 'Chaohongzhu'
编号： 国 S-SV-PP-017-2010
申请人（单位）： 北京市农林科学院农业综合发展研究所

品种特性

树姿半开张，树势较旺盛。果实圆长形，全面着鲜红至玫瑰红色，明亮，半粘核，平均单果重 148.2g，最大单果重 155g，可溶性固形物 14.2%，可溶性糖 9.2%，总酸 3.28g/kg，维生素 C 7.22mg/100g。适于鲜食。

栽培技术要点

选择排水良好，土层深厚，光照充足的地块建园。露地栽种行株距以 5m×3m、4m×3m、5m×2m 为宜；增施基肥，以有机肥为主，配合磷、钾肥，最好于落花后追施果树专用肥；及时夏剪，以改善光照，增进果实着色。注意疏花疏果和病虫害防治。

适宜种植范围

北京、河北、山东等地桃栽培区。

1	2	3
4		

1. 果实
2. 标准果
3. 花
4. 中试试验（北京顺义）

金艳

树种： 猕猴桃	**学名：** *Actinidia eriantha × A. chinensis* 'Jinyan'
类别： 品种	**编号：** 国 S-SV-AE-019-2010
通过类别： 审定	**申请人（单位）：** 中国科学院武汉植物园

品种特性

树势旺。果面黄褐色，密生短绒毛，果实圆柱形，果肉金黄色，平均单果重 101g。可溶性固形物 14.2%~19.8%，可溶性糖 8.55%，总酸 0.86%，维生素 C 100.55mg/100g。适于鲜食和加工。

栽培技术要点

栽培架式宜采用大棚架或“T”形棚架，树形采用一干二主蔓多侧蔓，幼树夏季整形，冬季轻剪，成年树冬季修剪为主，重施基肥，以有机肥为主，授粉树为磨山 4 号，雌雄比（6~8）: 1，种植密度 56~84 株 / 亩，合理疏花疏果。

适宜种植范围

湖北、江西、陕西等地猕猴桃栽培区。

1	4
2	
3	5

1. 果实及纵横剖面
2. 冬芽
3. 开花状
4、5. 结果状

云红

树种：板栗
类别：品种
通过类别：审定
学名：*Castanea mollisima* 'Yunhong'
编号：国 S-SV-CM-020-2010
申请人（单位）：云南省林业科学院

品种特性

树姿开张，树势中等。坚果椭圆形，平均单果重 11.95g，出籽率 41.6%~47.8%，坚果水分 49.2%，粗蛋白 9.13%，总糖 18.59%，淀粉 40.96%，粗脂肪 4.17%，淀粉糊化温度 59℃。适于作糖炒栗子或加工果仁。

栽培技术要点

栽植密度 4m×5m，定干高度 80~90cm，采用开心形树形，种植时施有机肥 50~80kg/ 株，幼树以轻剪为主，成龄树及时疏花疏果。

适宜种植范围

云南海拔 1300~1900m 广大山区、半山区及江苏省板栗种植区。

1	4
2	
3	5

1. 果实
2. 球苞
3. 结果枝
4. 花序
5. 嫁接后 3 年生树结果状

云雄

树种：板栗
类别：品种
通过类别：审定
学名：*Castanea mollisima* 'Yunxiong'
编号：国 S-SV-CM-021-2010
申请人（单位）：云南省林业科学院

品种特性

树姿开张，树势强。坚果椭圆形，平均单果重 15.6g，出籽率 54.3%，坚果水分 49.98%，粗蛋白 8.05%，总糖 19.71%，淀粉 58.42%，粗脂肪 3.61%，淀粉糊化温度 57℃。适于采果，也可作授粉品种。

栽培技术要点

栽植密度 5m×6m~6m×8m，树形采用开心形或疏散分层，种植时施有机肥 50~80kg/ 株，幼树以轻剪为主，盛果期加强土肥管理。

适宜种植范围

云南海拔 1300~2190m 广大山区、半山区及江苏省板栗种植区。

1	4
2	5
3	

1. 果实
2. 球苞
3. 结果枝
4. 开花状
5. 嫁接后 3 年生树结果状

亚特

树种： 金银花
类别： 品种
通过类别： 审定
学名： *Lonicera japonica* 'Yate'
编号： 国 S-SV-LJ-022-2010
申请人（单位）： 山东亚特生态技术有限公司

品种特性

常绿小灌木，直立多分枝。花期 4~11 月，初花南方地区 4 月下旬，北方地区 5 月中旬，每年开花 4~5 茬，花蕾密集于顶端，成熟整齐，便于采收。千针鲜重 88.3g，花蕾绿原酸 5.33%，木犀草苷 0.20%。药食兼用，主要用于制药。

栽培技术要点

选择 1 年生健壮苗木栽培，苗木规格根径 0.5cm 以上、高度 25cm，平原肥沃土地栽植 450 株 / 亩、株行距 1m × 1.5m，山坡地栽植 660 株 / 亩，株行距 1m × 1m，穴规格为 40cm × 40cm × 30cm。栽植 3 个月后追肥，施复合肥 60~100g/ 株，尿素 30~50g/ 株。第 2 年起，每年应松土除草，追肥 2 次，第 1 次 1~2 月进行，第 2 次 6~7 月进行，施尿素 50~60g/ 株。

适宜种植范围

山东、北京、甘肃、湖北、安徽等地金银花栽培区。

1	4
2	
3	5

1. 种子
2. 花
3. 根
4. 母树
5. 试验林

亚特红

树种：金银花
类别：品种
通过类别：审定
学名：*Lonicera japonica* 'Yatehong'
编号：国 S-SV-LJ-023-2010
申请人（单位）：山东亚特生态技术有限公司

品种特性

常绿藤本，多分枝。花期 4~6 月。千针鲜重 77.5g，花蕾绿原酸含量 4.68%，木犀草苷含量 0.20%。主要芳香成分古吧烯 26.06%，芬芳木樟素 20.02%。药食兼用，主要用于生产保健茶、保健食品。

栽培技术要点

选择 1 年生健壮苗木栽培，苗木规格根径 0.5cm 以上、高度 25cm，平原肥沃土地栽植 450 株/亩，株行距 1m×1.5m，山坡地栽植 660 株/亩、株行距 1m×1m，穴规格为 40cm×40cm×30cm。栽植 3 个月后追肥，施复合肥 60~100g/株，尿素 30~50g/株。第 2 年起，每年应松土除草，追肥 2 次，第 1 次 1~2 月进行，第 2 次 6~7 月进行，施尿素 50~60g/株。

适宜种植范围

山东、北京、甘肃、湖北、安徽等地金银花栽培区。

1. 种子
2. 试验林
3. 根
4. 花与叶
5. 母树

亚特立本

树种：金银花
类别：品种
通过类别：审定
学名：*Lonicera japonica* 'Yateliben'
编号：国 S-SV-LJ-024-2010
申请人（单位）：山东亚特生态技术有限公司

品种特性

半常绿小灌木，直立性好，可密植，长枝上部无明显缠绕。花期 5~9 月。千针鲜重 85.3g，花蕾绿原酸 5.09%，木犀草苷 0.19%。药食兼用，主要用于制药。

栽培技术要点

选择 1 年生健壮苗木栽培，苗木规格根径 0.5cm 以上、高度 25cm，平原肥沃土地栽植 450 株 / 亩、株行距 1m×1.5m，山坡地栽植 660 株 / 亩、株行距 1m×1m，穴规格为 40cm×40cm×30cm。栽植 3 个月后追肥，施复合肥 60~100g/ 株，尿素 30~50g/ 株。第 2 年起，每年应松土除草，追肥 2 次，第 1 次 1~2 月进行，第 2 次 6~7 月进行，施尿素 50~60g/ 株。

适宜种植范围

山东、北京、甘肃、湖北、安徽等地金银花栽培区。

1. 根
2. 花
3. 种子
4. 母树
5. 叶
6. 试验林

	1
2	4
3	
5	6

赣 70

树种：油茶	学名：*Camellia oleifera* 'Gan 70'
类别：无性系	编号：国 S-SC-CO-025-2010
通过类别：审定	申请人（单位）：江西省林业科学院

品种特性

树体生长旺盛，树冠紧凑。鲜果大小为28个/500g，鲜出籽率49.2%，干出籽率29.1%，干出仁率65.1%，种仁含油率50.5%，鲜果含油率9.6%，连续4年产油量达52.8kg/亩。茶油油酸82.53%，亚油酸7.27%。可用于食用植物油生产。

栽培技术要点

选择丘陵林地，带状或块状细致大穴整地。选用合格芽苗砧嫁接苗造林，栽植60~120株/亩。施足基肥，及时抚育、施肥，促进幼林生长。结果树要做好抚育，及时补充营养，保持高产稳产。

适宜种植范围

江西、广西、湖南油茶适生区。

1	2	3
4		5
		6

1. 标准果
2. 果实纵剖面
3. 花
4. 单株
5. 果枝
6. 结果状

赣无 12

树种：油茶
类别：无性系
通过类别：审定
学名：*Camellia oleifera* 'Ganwu 12'
编号：国 S-SC-CO-026-2010
申请人（单位）：江西省林业科学院

品种特性

树体生长旺盛，树冠紧凑。鲜果大小为42个/500g，鲜出籽率40.3%，干出籽率24.2%，干出仁率61.4%，种仁含油率52.1%，鲜果含油率7.8%，连续4年产油量达68.9 kg/亩。茶油油酸80.1%，亚油酸8.66%。可用于食用植物油生产。

栽培技术要点

选择丘陵林地，带状或块状细致大穴整地。选用合格芽苗砧嫁接苗造林，栽植60~120株/亩。施足基肥，即时抚育、施肥，促进幼林生长。结果树要做好抚育，及时补充营养，保持高产稳产。

适宜种植范围

江西、广西油茶适生区。

1	2	3
4	6	
5		

1. 花
2. 标准果
3. 果实纵剖面
4. 果枝
5. 结果状
6. 单株

赣无 24

树种：油茶
类别：无性系
通过类别：审定
学名：*Camellia oleifera* 'Ganwu 24'
编号：国 S-SC-CO-027-2010
申请人（单位）：江西省林业科学院

品种特性

树体生长旺盛，树冠紧凑。鲜果大小为33个/500g，鲜出籽率51.9%，干出籽率29.8%，干出仁率66.2%，种仁含油率50.9%，鲜果含油率为10.1%，连续4年产油量达62.6kg/亩。茶油油酸85%，亚油酸6.36%。可用于食用植物油生产。

栽培技术要点

选择丘陵林地，带状或块状细致大穴整地。选用合格芽苗砧嫁接苗造林，栽植60~120株/亩。施足基肥，即时抚育、施肥，促进幼林生长。结果树要做好抚育，及时补充营养，保持高产稳产。

适宜种植范围

江西、广西、湖南油茶适生区。

1	2	3
4		5
		6

1. 标准果
2. 果实纵剖面
3. 花
4. 单株
5. 果枝
6. 结果状

桂普 32

树种：油茶
类别：无性系
通过类别：审定
学名：*Camellia oleifera* 'Guipu 32'
编号：国 S-SC-CO-028-2010
申请人（单位）：广西壮族自治区林业科学研究院

品种特性

树形为自然开张形。鲜出籽率 46.1%，干出籽率 26.5%，干出仁率 62.7%，种仁含油率 45.5%，鲜果含油率 7.5%，连续 4 年产油量达 50kg/ 亩。茶油油酸 80.2%，亚油酸 9.5%。可用于食用植物油及化妆品生产。

栽培技术要点

选择酸性红壤、土层深厚、排水好的退耕地、缓坡地、低山丘陵地等为宜。选用苗高 30cm 以上、地径 0.3cm 以上的健壮苗木造林，栽植 74~110 株 / 亩。施足基肥，即时抚育、施肥，促进幼林生长。结果树要做好抚育，及时补充营养，保持高产稳产。

适宜种植范围

江西、广西油茶适生区。

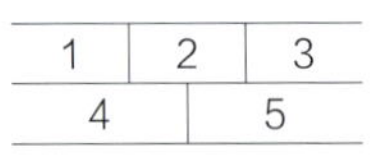

1. 果实与种子
2. 芽
3. 花
4. 成年树
5. 结果状

桂普 101

树种： 油茶
类别： 无性系
通过类别： 审定
学名： *Camellia oleifera* 'Guipu 101'
编号： 国 S-SC-CO-029-2010
申请人（单位）： 广西壮族自治区林业科学研究院

品种特性

树形为圆头形，冠幅大、开张。鲜果出籽率 46.32%，干出籽率 26.86%，干出仁率 62.48%，种仁含油率 47.03%，鲜果含油率 7.87%。连续 4 年产油量达 50kg/ 亩。茶油油酸 76.2%，亚油酸 11.3%。可用于食用植物油及化妆品生产。

栽培技术要点

可选择退耕地、缓坡地、低丘或小岗地等，选用苗高 30cm 以上、地径 0.3cm 以上的健壮苗木造林，栽植 80~120 株 / 亩。施足基肥，即时抚育、施肥，促进幼林生长。结果树要做好抚育，及时补充营养，保持高产稳产。

适宜种植范围

江西、广西油茶适生区。

1	2	3
4		5

1. 花
2. 果实与种子
3. 芽
4. 结果状
5. 成年树

围选 1 号

树种： 杏
类别： 品种
通过类别： 审定
学名： *Prunus armeniaca* 'Weixuan I'
编号： 国 S-SV-PA-018-2010
申请人（单位）： 河北农业大学，围场满族蒙古族自治县林业局

品种特性

树姿开张，树势强健。果实橙黄色，离核，核阔卵圆形，平均单核重 2.5g。杏仁呈心形，平均单仁重 0.88g，出仁率 35.24%，仁皮棕黄色，仁肉乳白色，杏仁蛋白质、脂肪、硒含量分别为 27.8g/100g、46.5g/100g、0.016mg/kg。用于加工开口杏仁及制作食品、饮料等。

栽培技术要点

栽植密度 4m × 4m 或 4m × 5m，栽植穴规格 1m × 1m × 1m。授粉品种为优一，主栽品种与授粉树比例为（4~5）: 1，每年秋施基肥，盛果期每株施有机肥 50~80kg，施肥后浇水。盛花期和硬核期前合理疏花疏果，注意防治病虫害。

适宜种植范围

河北、山西、辽宁、吉林等地杏栽培区。

林 木 良 种 名 录

Catalog of improved varieties of forest trees

2011

东门尾巨桉无性系 DH32-29

树种：桉树
类别：无性系
通过类别：审定

学名：*Eucalyptus urophylla* × *E. grandis* 'DH32-29'
编号：国 S-SC-EU-001-2011
申请人（单位）：广西壮族自治区国营东门林场

品种特性

尾叶桉为母本，巨桉为父本的人工杂交无性系。干形通直。广西 5 年生林分平均树高 17.8m，平均胸径 12.5cm；5.5 年生时蓄积达 213.8m^3/hm^2，木材密度（580±20）kg/m^3（6 年生左右）。可作造纸、制浆、板材的原材料，中大径材培育及实木加工利用。

栽培技术要点

平原或低丘采用机耕全垦（25~35cm 深），山地采用挖坑（40cm×40cm×30cm）或撩壕（50cm×40cm×40cm）；1250~1667 株 /hm^2，即 3m×（2~4）m×2m。造林前施基肥（钙、镁、磷 278kg/hm^2），造林当年追肥（尿素 108.7kg/hm^2 +钾肥 100kg/hm^2），第 2、3 年追肥（尿素 107.8kg/hm^2 +磷肥 278kg/hm^2）。

适宜种植范围

广东、广西、福建平原、丘陵及低山山地且无明显霜冻及强台风危害地区。

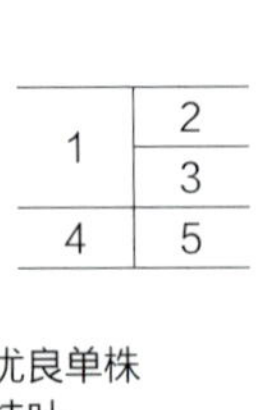

1. 优良单株
2. 枝叶
3. 果实
4. 试验林
5. 5 年生造林林分

渤丰 1 号

树种： 杨树
类别： 无性系
通过类别： 审定
学名： *Populus euramaricana* 'Bofeng 1'
编号： 国 S-SC-PE-002-2011
申请人（单位）： 苏晓华

品种特性

雌株，具有欧美杨形态特征，近美洲黑杨。树冠长椭圆型，冠幅中等，树皮红褐色。在辽宁 6 年生树高 17.90m，胸径 25.55cm，材积 0.3487m^3；1 年生木材基本密度 0.3235g/cm^3，纤维长度 738μm，纤维宽度 26.95μm，微纤丝角 17.94°，纤维素 46.21%，综纤维素 81.34%，木质素 25.97%。可作纸浆、纤维板、刨花板、胶合板等各种工业木材原料。

栽培技术要点

辽宁锦州地区以 1 年生根桩秋季造林为主，其他地区以 1 年生苗木春季直接造林，造林 3 年后适当修枝。选择地势平坦，土壤肥力中等以上，土壤有效层厚度在 80cm 以上地区。造林后第 2 年开始施追肥，氮、磷、钾施肥参考比例为 3∶1∶1（尿素：过磷酸钙：氯化钾）。氮素用量一般为 50~200g/ 株。造林密度根据立地条件和轮伐期长短，一般为 500~1100 株 /hm^2。

适宜种植范围

华北北部、辽宁南部、胶东半岛等环渤海湾地区的平原砂性土壤，土壤 pH 值中性或偏碱性，年平均气温 10℃，年平均降水量 500mm，极端最低温 - 25℃以上的地区。

1	3	5
2	4	6

1. 叶
2. 树皮
3. 良种繁殖圃（辽宁凌海）
4. 试验林（辽宁大连同益）
5. 大径材试验林（辽宁凌海）
6. 纤维材试验林（辽宁凌海）

渤丰 2 号

树种： 杨树
类别： 无性系
通过类别： 审定
学名： *Populus euramaricana* 'Bofeng 2'
编号： 国 S-SC-PE-003-2011
申请人（单位）： 苏晓华

品种特性

雌株，具典型的欧美杨形态特征。树干通直，窄冠，树皮灰褐色。在辽宁锦州地区 6 年生平均树高达 18.20m，胸径达 24.45cm，材积达 0.3239m^3；1 年生木材基本密度 0.3235g/cm^3，纤维长度 759.00μm，纤维宽度 25.19μm，微纤丝角 18.95°，纤维素 45.29%，综纤维素 78.34%，木质素 25.13%。可作纸浆、纤维板、刨花板、胶合板等各种工业木材原料。

栽培技术要点

辽宁锦州地区以 1 年生根桩秋季造林为主，其他地区以 1 年生苗木春季直接造林，造林 3 年后适当修枝。选择地势平坦，土壤肥力中等以上，土壤有效层厚度在 80cm 以上地区。造林后第 2 年开始施追肥，氮、磷、钾施肥参考比例为 3∶1∶1（尿素：过磷酸钙：氯化钾）。氮素用量一般为 50~200g/ 株。造林密度根据立地条件和轮伐期长短，一般为 500~1100 株 /hm^2。

适宜种植范围

华北北部、辽宁南部、胶东半岛等环渤海湾地区的平原沙性土壤，土壤 pH 值中性或偏碱性，年平均气温 10℃，年平均降水量 500mm，极端最低温 - 25℃以上的地区。

1	3	5
2	4	6

1. 叶
2. 树皮
3. 良种繁殖圃（北京房山）
4. 试验林（山东宁阳高桥林场）
5. 示范林（辽宁凌海）
6. 纤维材试验林（辽宁凌海）

哲林 4 号杨

树种：杨树
类别：无性系
通过类别：审定
学名：*Populus deltoids* 'Zhelin 4'
编号：国 S-SC-PD-004-2011
申请人（单位）：内蒙古自治区通辽市林业科学研究所

品种特性

干形通直，根系发达，雌株。9 年生平均树高 15.58m，平均胸径 17.92cm，单株材积 0.1614m^3。比对照品种小黑杨分别增长 13.7%、33.9%、74.38%。7 年垂直生根系能穿透沙层 1m 以下 80cm 的沉积层，根系最深可达 270cm。可用于营造农田防护林、固沙林等。

栽培技术要点

挖穴造林，穴深 30~80cm，825 株 /hm^2；开沟造林沟深 40cm，上宽 80cm，底宽 30cm，人工沟内挖穴，径及深度 30cm × 30cm；适合沙地造林不受地形限制，孔径 5~7cm，深 160cm，采用胸径 1.2cm 以上的 2 根 1 干或 2 根 2 干无根大苗造林。

适宜种植范围

内蒙古、吉林平缓沙地、盐碱地、黄土丘陵地、轻壤土地。

1. 花序
2. 当年生扦插苗
3. 繁育圃
4. 防护林
5. 干形

1	2
3	5
4	

带岭红松一代种子园种子

树种： 红松　**学名：** *Pinus koraiensis*
类别： 种子园种子　**编号：** 国 S- CSO(1)-PK-005-2011
通过类别： 审定　**申请人（单位）：** 黑龙江省带岭林业实验局

品种特性

干形通直，树冠匀称。在吉林露水河 10 年生平均树高 1.08m，平均地径 3.49cm，21 年生树高遗传增益 16.6%。种子生活力 80.2%，千粒重最高可达 520g。－40℃可生存。木材工艺价值高，是优良的用材品种。

栽培技术要点

造林选择在山的中上腹，阳坡或偏阳坡，坡度 5°~15°，土壤透水性好的地方。秋季整地，穴直径 50~60cm，株行距 1.5m×1.5m。4 月下旬造林。幼林抚育年限为 5 年，各年抚育次数为 2、2、1、1、1。当年扩穴，培土扶正；第 2 年除草培土；第 3 年行状割草、割灌；第 4 年苗根培土、除草；第 5 年行状割草、割灌，伐除非目的树种。

适宜种植范围

黑龙江、辽宁、吉林红松栽培区。

1	2	3
4		

1. 球花
2. 球果
3. 种子
4. 母树林

带岭水曲柳一代种子园种子

树种： 水曲柳
类别： 种子园种子
通过类别： 审定
学名： *Fraxinus mandshurica*
编号： 国 S-CSO(1)-FM-006-2011
申请人（单位）： 黑龙江省带岭林业实验局

品种特性

干形通直，树冠小。在黑龙江带岭 7 年生平均树高 2.6m，遗传增益 8.5%；平均胸径 2.31cm，遗传增益 5.4%。6 年生单株结实量 0.66kg，千粒重 61.9g，种子发芽率 81.5%。可供建筑、枕木和室内装饰等用材。

栽培技术要点

4 月中下旬可上山造林，有 20 天左右的缓苗期，宜与落叶松进行混交，多采用带状混交方式。可采取穴状整地法，整地规格 60cm×60cm，栽植时深埋、踩实，使根土密接，避免窝根；栽植后，及时扩穴培土、踏实、扶正，抚育年限为 5 年，各年抚育次数为 2、2、1、1、1，在加强抚育管理的同时，加强看护。

适宜种植范围

黑龙江、吉林水曲柳栽培区。

1	
2	3

1、2. 种子园
3. 种子

大边沟东部白松母树林种子

树种：东部白松
类别：母树林种子
通过类别：审定
学名：*Pinus strobus*
编号：国 S-SS-PS-007-2011
申请人（单位）：董健、王继志、林永启等

品种特性

常绿乔木，树干通直，树皮灰绿色、皱裂；5 针一束；果长 8~16cm，径 3~5cm，种子三角状卵形，红褐色有黑色斑纹。在辽宁辽阳 15 年生树高 7.01m，胸径 9.94cm，单株材积 0.038m^3。可作用材和城镇绿化树种。

栽培技术要点

穴状整地，整地规格 40cm×40cm×30cm。采用 3 年（2+1）生苗造林，苗木规格为苗高 >14cm，地径 >0.7cm，株行距 2m×2m。春季造林，造林前将苗木根系蘸上保水剂。造林后应连续抚育 2~3 年，提倡营造混交林。

适宜种植范围

辽宁、吉林东部白松栽培区。

1. 种子
2. 球果
3. 树干
4. 雄花
5. 雌花
6. 试验林
7. 母树

白石砬子班克松母树林种子

树种：班克松
学名：*Pinus banksiana*
类别：母树林种子
编号：国 S-SS-PB-008-2011
通过类别：审定
申请人（单位）：董健、林永启、王继志等

品种特性

乔木，树皮暗褐色；针叶2针一束，长2~4cm；球果窄圆锥状椭圆形，长3~5cm，径2~3cm，不对称，常扭曲，种子长3~4mm。在辽宁熊岳树木园13年生平均高6.8m，平均胸径9.5cm。可作城镇绿化树种。

栽培技术要点

穴状整地，整地规格40cm×40cm×30cm。采用2年（1+1）生苗造林，苗木规格为苗高>20cm，地径>0.6cm，株行距2m×2m。春季造林，造林前将苗木根系蘸上保水剂。造林后连续抚育3年（各年抚育次数为2、2、1），第8年左右间伐25%，提倡营造混交林。

适宜种植范围

辽宁、吉林班克松栽培区。

1. 雌花 2. 雄花 3. 试验林 4. 树干 5. 种子 6. 球果

晚花紫

树种：丁香
类别：品种
通过类别：审定

学名：*Syringa oblata* 'Wanhuazi'
编号：国 S-SV-SO-009-2011
申请人（单位）：中国科学院植物研究所

1. 无性系幼株繁花
2. 母本华北紫丁香（前）与‘晚花紫’（后）的花色对比
3. 丁香品种无性系和采穗圃（含‘晚花紫’）
4. 花序

品种特性

花色粉紫，花冠裂片单瓣飞舞，单花直径 1.5cm，花序长 15~17cm，宽 6~8cm；当年生枝生长量 60~80cm，10 年生植株株高 1.6~1.8m，冠幅 1.5m × 1.5m，经冬不抽条。在北京地区萌芽期为 3 月上中旬，4 月 20 日开花（始花期比早花品种延迟 7~10 天），单朵花期 3~4 天，群体花期 14~16 天。可作园林观赏树种。

栽培技术要点

5 年内出圃的嫁接幼苗定植株行距为 80cm × 80cm。秋季移栽定植为最佳时期，为促进嫁接幼苗生长，6~7 月间按 30~40kg/ 亩施入复合肥 1~2 次，施后浇水。3 月浇萌动水和 11 月初浇冻水，旱季视降水状况适当浇水 2~3 次。

适宜种植范围

北京、内蒙古等丁香适宜栽培区。

满天红

树种：桃
类别：品种
通过类别：审定
学名：*Amygdalus persica* 'Mantianhong'
编号：国 S-SV-AP-010-2011
申请人（单位）：中国农业科学院郑州果树研究所

品种特性

观花品种。树势中庸，果枝粗壮；花为蔷薇型，花蕾大红色，花瓣玫瑰红色；花径 4.4cm，花瓣 4~6 轮，花瓣数 22~26 枚；花丝粉红色，花丝数 45 枚左右；雄蕊瓣化 2~5 枚；花药橘红色，有花粉。郑州地区 4 月 1 日现蕾，4 月 9 日始花，4 月 26 日末花，开花持续期 18 天。用于庭院、公园、观光果园露地栽培。用于盆栽可以在黄河以北地区实现不经过低温处理，春节开花上市。

栽培技术要点

盆栽时，要实现当年足够的花量，需在 7 月初叶面喷布 15% 的多效唑 200 倍液 1~2 次。春节鲜花上市栽培时，要先满足 800h 的需冷量后再进棚升温。如果自然温度不能满足，应提前在冷库中预冷。温室升温后，温度控制在白天 20~25℃，夜间 5~8℃，湿度控制在 60% 左右。小蕾期后在短途运输过程中，注意保温，以防冻害或寒害。

适宜种植范围

露地栽培时，由于需冷量为 800h，适于湖南衡阳以北地区种植，庭院、公园、行道树、农家乐等都可以种植。保护地春节桃花上市栽培时，适于黄河以北地区种植。盆栽时，建议以大、中城市郊区种植为主。

1. 花枝
2. 花
3. 果实
4. 开花状
5. 温室促早栽培

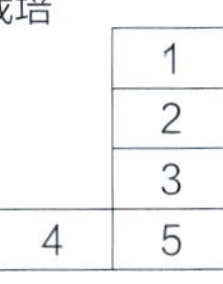

鲁枣1号

树种：枣
类别：品种
通过类别：审定
学名：*Ziziphus jujuba* 'Luzao 1'
编号：国 S-SV-ZJ-011-2011
申请人（单位）：山东省果树研究所

品种特性

树冠矮小，树姿开张。果实椭圆形，平均单果重8.2g，最大单果重13.6g；果实发育期仅70~75天，在山东泰安，果实8月上旬开始着色，中旬全红完熟；果皮红色，富光泽；果肉白色，质细，汁液中多，味酸甜。可溶性固形物33.1%，可食率95.92%，可滴定酸0.42%，维生素C 348.0mg/100g。用于鲜食或制干，可作极早熟品种的育种材料。

栽培技术要点

选根颈直径0.8cm、苗高80cm根系良好（直径1mm的吸收根3~5条）的优质苗木栽植。平原栽植株行距（2~3）m×（3~4）m，山区按等高线1.5m株距定植。适宜树形为小冠疏层形或开心形。修剪以生长季修剪为主，多采用抹芽、摘心、拉枝、疏枝、拿枝等技术措施进行；无须环剥和配置授粉树，初花期新梢摘心，盛花初期喷施10mg/L赤霉素1~2遍，促进坐果；追肥在萌芽前、花前及幼果期进行；其他管理按照枣树常规管理技术进行。

适宜种植范围

山东、河北、山西、新疆等枣适宜栽培区。

1. 花与叶　2. 枣股　3. 试验林　4. 结果状　5. 果实　6. 2年生树结果状

鲁枣 2 号

树种：枣　　学名：*Ziziphus jujuba* 'Luzao 2'
类别：品种　　编号：国 S-SV-ZJ-012-2011
通过类别：审定　　申请人（单位）：山东省果树研究所

品种特性

树冠自然圆头形或主干疏层形，树势较强。果实 8 月中旬着色，下旬完熟，果实生长期 80~85 天；果实长倒卵或长椭圆形，平均单果重 15.5g，最大单果重 21.4g；果皮紫红色，富光泽；果肉白色，肉质细，汁液中多，味酸甜。可溶性固形物 35.73%，维生素 C 240mg/100g，可滴定酸 0.26%，可食率 96.24%。用于鲜食。

栽培技术要点

选根颈直径 0.8cm、苗高 80cm 以上，根系良好（直径 1mm 的吸收根 3~5 条）的优质苗木定植。平原栽植株行距（2~3）m×（3~4）m，山区按等高线 1.5m 株距定植。修剪以生长季修剪为重点，通过抹芽、摘心、拉枝、拿枝等技术措施进行。无须环剥和配置授粉树。初花期新梢及时摘心。盛花初期喷施 10mg/L 赤霉素 1~2 遍。萌芽前、花前及幼果期各追肥 1 次。

适宜种植范围

山东、河北、山西、新疆等枣适宜栽培区。

1	2	3
4	6	
5		

1. 结果状　5. 结果枝组
2. 果实　6. 试验林
3. 枣股
4. 花与叶

鲁枣3号

树种：枣　　学名：*Ziziphus jujuba* 'Luzao 3'
类别：品种　　编号：国 S-SV-ZJ-013-2011
通过类别：审定　　申请人（单位）：山东省果树研究所

品种特性

树势中等，树姿开张。早实，定植第2年进入丰产期，3年生树最高株产5.2kg。在山东泰安8月中旬始着色，8月底成熟采收，9月初完熟。果实生长期80~85天；果实短椭圆或卵圆形，平均单果重10.3g，最大单果重12.7g，果实整齐；果皮鲜红色，富光泽；肉质细，汁液中多，味酸甜。可溶性固形物31.5%，可食率97.1%，总酸0.45%，维生素C 427.3mg/100g。用于鲜食，育种中可作为早实、果实美观的种质材料。

栽培技术要点

选根颈直径0.8cm、苗高80cm以上，根系良好（直径1mm的吸收根3~5条）的优质苗木定植。平原栽植株行距（2~3）m×（3~4）m，山区按等高线1.5m株距定植。修剪以生长季修剪为重点，通过抹芽、摘心、拉枝、拿枝等技术措施进行。无须环剥和配置授粉树。初花期新梢及时摘心。盛花初期喷施10mg/L赤霉素1~2遍。萌芽前、花前及幼果期各追肥1次。

适宜种植范围

山东、河北、山西、新疆等枣适宜栽培区。

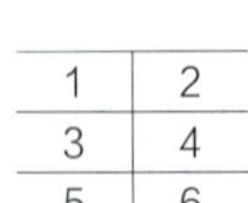

1. 果实　　4. 花与叶
2. 结果枝组　　5. 母树
3. 枣股　　6. 试验林

鲁枣7号

树种： 枣
类别： 品种
通过类别： 审定
学名： *Ziziphus jujuba* 'Luzao 7'
编号： 国 S-SV-ZJ-014-2011
申请人（单位）： 山东省果树研究所

品种特性

树势中庸，树姿开张。果实磨盘形，平均单果重 8.6g，最大单果重 9.3g，果实整齐，果实 9 月中下旬成熟；果皮鲜红色，富光泽；果肉质细，汁液中多，味酸甜。可溶性固形物 37.5%，可食率 94.0%，总酸 0.47%，维生素 C 337mg/100g。果实观赏和鲜食兼用，可作观赏鲜食兼用品种的育种材料。

栽培技术要点

选根颈直径 0.8cm、苗高 80cm 以上，根系良好（直径 1mm 的吸收根 3~5 条）的优质苗木定植。平原栽植株行距（2~3）m×（3~4）m，山区按等高线 1.5m 株距定植。修剪以生长季修剪为重点，通过抹芽、摘心、拉枝、拿枝等技术措施进行。无须环剥和配置授粉树。初花期新梢及时摘心。盛花初期喷施 10mg/L 赤霉素 1~2 遍。萌芽前、花前及幼果期各追肥 1 次。

适宜种植范围

山东、河北、山西、新疆等枣适宜栽培区。

1		
2	3	4
5	6	7

1. 果实
2. 种子
3. 花与叶
4. 枣股
5. 结果枝组
6. 母树
7. 试验林

月光

树种： 枣
类别： 品种
通过类别： 审定
学名： *Ziziphus jujuba* 'Yueguang'
编号： 国 S-SV-ZJ-015-2011
申请人（单位）： 河北农业大学

品种特性

树势中等，树姿半开张。果实两头尖，近橄榄形，单果重 10g 左右；果皮红色，果面光滑，第 4 年开始逐步进入盛果期，株产 8~12kg。含可溶性固形物 21.9%，可滴定酸 0.14%，可食率 97.5%，维生素 C 223mg/100g。鲜食，可作育种材料。

栽培技术要点

适合大田密植和设施栽培。大田密植南北行向，适宜株行距（1.5~2）m×（2~3）m，一般肥水条件好的密植丰产园株行距适当大些。以生长季摘心修剪为主，生长前期和中期养分消耗大，加大肥力补充，采后施基肥。病虫害重点防治绿盲蝽象。设施栽培时，12 月上旬扣棚升温；适宜的株行距（0.8~1.5）mm×（1.5~3.0）m；树形采用纺锤形或无主枝小柱形或"Y"字开心形；幼树整形阶段，利用短截培养骨干枝，少疏枝；加大有机肥和后期钾肥的使用量以提高品质；花期开甲或用促花王提高座果率；无需配置授粉树。果实可提早成熟 20~30 天。

适宜种植范围

河北、河南、山西等枣树适生区。

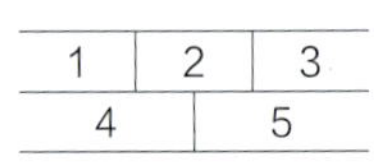

1. 果实
2. 露地栽培结果状
3. 发枝量少
4. 设施栽培结果状
5. 山地栽培（河北承德）

金魁

树种： 猕猴桃
类别： 品种
通过类别： 审定
学名： *Actinidia chinensis* 'Jinkui'
编号： 国 S-SV-AC-016-2011
申请人（单位）： 湖北省农业科学院果树茶叶研究所

品种特性

果实长圆柱形，平均单果重 103g，最大单果重 180g，果形指数 1.15；果肉翠绿色，汁液多。可溶性固形物 18.7%~21.4%。总糖 9.60%~11.3%，总酸 1.08%~1.23%，维生素 C 125.2mg/100g。果实室温条件下可贮藏 30~40 天，冷藏可存贮至第 2 年 5 月左右。抗猕猴桃溃疡病。鲜食，也可加工成果汁、果脯和果酒等。

栽培技术要点

选择疏松肥沃、排水良好、微酸性的砂质壤土。株行距 4m×（4~5）m，雄性品系为‘金雄 1 号’，雌雄比例一般（6~8）: 1 为宜。以棚架和“T”形架为宜，单干上架。及时修剪，注意疏花疏果。一年施肥 3 次，即 2 月下旬至 3 月上旬施萌芽肥，谢花后施壮果肥，采果后结合整地重施底肥。高温干旱季节防旱保水。

适宜种植范围

湖北、江西、陕西、安徽等地海拔 1000m 以下，土壤微酸性猕猴桃适生区。

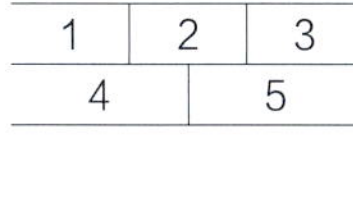

1. 果实横剖面
2. 茎与雌花
3. 叶形
4. 结果状
5. 猕猴桃与茶树立体种植基地（安徽岳西县）

海沃德

金水 13-2-2

金魁

中农金辉

树种：桃
类别：品种
通过类别：审定
学名：*Prunus persica* 'Zhongnongjinhui'
编号：国 S-SV-PP-017-2011
申请人（单位）：中国农业科学院郑州果树研究所

品种特性

树势中庸健壮。果实椭圆形，平均单果重173g，最大单果重252g；果皮无茸毛，底色黄，果面80%以上着明亮鲜红色，皮不能剥离；果肉橙黄色，肉质为硬溶质，粘核。可溶性固形物17.3%，总糖14.02%，总酸0.42%，维生素C 13.08mg/100g。鲜食。

栽培技术要点

严格疏花疏果，果间距10cm，以长枝结果为好。冬季修剪注意多留和培养长果枝。主枝角度以40°~45°为宜。注重树下土肥管理，提高果实品质，在果实成熟前30天，每株施0.5kg腐熟的饼肥，结合叶面喷施0.3%的硫酸钾或硝酸钾2次。需冷量650~700h，授粉树要选择同需冷量或需冷量稍短的品种。

适宜种植范围

河南、山西、辽宁等地年降水量小于1000mm的桃栽培区。

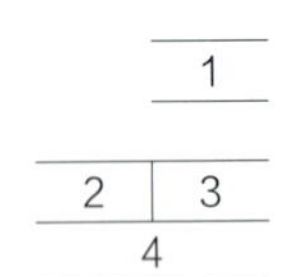

1. 花
2. 果实及果实纵、横剖面
3. 果实
4. 结果状

美人酥

树种： 梨
类别： 品种
通过类别： 审定
学名： *Pyrus pyriforlia* 'Meirensu'
编号： 国 S-SV-PP-018-2011
申请人（单位）： 中国农业科学院郑州果树研究所

品种特性

树冠呈圆锥形，结果后开张。果实卵圆形，平均单果重 280g；底色黄白，阳面鲜红色，占 2/3 果面；果肉乳白色，细脆多汁，石细胞少。可溶性固形物 15.5%，总糖 9.96%，总酸 0.51%，维生素 C 7.22mg/100g。鲜食。

栽培技术要点

株行距 2m ×（3~4）m，10~15 年后可适当间伐为 4m × 6m。树形宜采用纺锤形和疏散分层形，盛果期需疏花疏果和果实套袋。需配置 5 : 1~8 : 1 的授粉树，'满天红'、'红酥脆'和'美人酥'可互相授粉，也可用'金星'、'红香酥'、'圆黄梨'等作授粉树；成熟前期，增施磷钾肥、微肥和根外施肥；去袋时，要先撕开通风遮阴 2~3 天后再去除，保持果园湿度和通风照光，促进果实着色。

适宜种植范围

河南、江苏、甘肃等地砂质壤土、黄壤土、石砾壤土，pH6.5~7.6，年降水量 350~950mm，年均气温 12.5~15.5℃，海拔 2000m 以下梨栽培区。

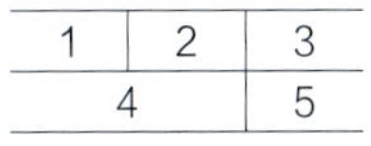

1. 着色前果实
2. 着色后果实
3. 果实
4. 结果状
5. 果枝

满天红

树种：梨
类别：品种
通过类别：审定
学名：*Pyrus pyriforlia* 'Mantianhong'
编号：国 S-SV-PP-019-2011
申请人（单位）：中国农业科学院郑州果树研究所

品种特性

树姿直立，树冠圆锥形。果实近圆形，平均单果重 275g；套袋果实底色淡黄白色，阳面着鲜红色，占果面 2/3 以上，不套袋栽培时果面暗红色；果肉淡黄白色，酥脆多汁。可溶性固形物 15.0%，总糖 9.45%，总酸 0.40%，维生素 C 7.48mg/100g。鲜食。

栽培技术要点

株行距 2m×（3~4）m，10~15 年后可适当间伐为 4m×6m。树形宜采用纺锤形和疏散分层形，盛果期需疏花疏果和果实套袋。需配置 5∶1~8∶1 的授粉树，‘满天红’、‘红酥脆’和‘美人酥’可互相授粉，也可用‘金星’、‘红香酥’、‘圆黄梨’等作授粉树；成熟前期，增施磷钾肥、微肥和根外施肥；去袋时，要先撕开通风遮阴 2~3 天后再去除，保持果园湿度和通风照光，促进果实着色。

适宜种植范围

河南、江苏、甘肃等地砂质壤土、黄壤土、石砾壤土，pH6.5~7.6，年降水量 350~950mm，年均气温 12.5~15.5℃，海拔 2000m 以下梨栽培区。

1. 结果枝
2. 套袋果实
3. 开花状
4. 结果树

	1
	2
3	4

红酥脆

树种：梨
类别：品种
通过类别：审定
学名：*Pyrus pyriforlia* 'Hongsucui'
编号：国 S-SV-PP-020-2011
申请人（单位）：中国农业科学院郑州果树研究所

品种特性

树势中庸，枝条稍软。果实卵圆形，平均单果重 260g；果皮浅黄白色，阳面具红晕，果点较多；果实阳面红晕，肉质细酥脆，石细胞少，汁多味甜，清香可口。可溶性固形物 14.5%，总糖 8.48%，总酸 0.39%，维生素 C 7.03mg/100g。鲜食。

栽培技术要点

株行距 2m×（3~4）m，10~15 年后可适当间伐为 4m×6m。树形宜采用纺锤形和疏散分层形，盛果期需疏花疏果和果实套袋。需配置 5：1~8：1 的授粉树，'满天红'、'红酥脆'和'美人酥'可互相授粉，也可用'金星'、'红香酥'、'圆黄梨'等作授粉树；成熟前期，增施磷钾肥、微肥和根外施肥；去袋时，要先撕开通风遮阴 2~3 天后再去除，保持果园湿度和通风照光，促进果实着色。

适宜种植范围

河南、江苏、甘肃等地砂质壤土、黄壤土、石砾壤土，pH6.5~7.6，年降水量 350~950mm，年均气温 12.5~15.5℃，海拔 2000m 以下梨栽培区。

1. 果实
2. 结果枝
3. 开花状
4. 结果树丰产状

1	2
3	4

元林

树种： 核桃
类别： 品种
通过类别： 审定
学名： *Jugians regia* 'Yuanlin'
编号： 国 S-SV-JR-021-2011
申请人（单位）： 山东省林业科学研究院

品种特性

树姿直立或半开张，生长势强，树冠呈自然半圆形。坚果长椭圆形，果实 8 月下旬成熟；易取整仁。核仁质量 9.35g，出仁率 55.42%，脂肪 63.6%，蛋白质 18.25%，味香微涩。鲜食坚果，或加工核桃仁、核桃油、核桃粉等副产品。可作荒山造林、城市绿化树种。

栽培技术要点

平原栽植密度 4m×5m、5m×6m，定干 1.2~1.5m；丘陵、山地栽植密度 4m×4m、4m×5m，定干高度 1.0~1.2m。可以与‘元丰’、‘上宋 6 号’、‘岸边 2 号’等核桃品种混合栽植相互授粉，品种与授粉树配置比例为 8∶2。修剪选取主干疏层形或自然开心形，施肥以有机肥为主，辅以无机肥，每年至少 1~3 次。注意病虫害防治。

适宜种植范围

山东、陕西等地核桃栽培区。

	1	2
3	4	5
6	7	

1. 果仁
2. 坚果
3. 结果状
4. 幼果
5. 枝、芽
6. 14 年生母树
7. 6 年生嫁接树

中科绿川 1 号

树种： 枸杞
类别： 品种
通过类别： 审定
学名： *Lycium barbarum* 'Zhongkelvchuan 1'
编号： 国 S-SV-LB-022-2011
申请人（单位）： 王瑛

品种特性

树姿开张，树势强健，树皮灰白色。第 3 年开始进入盛果期，平均亩产 425kg，果实梨形或圆形，成熟鲜果平均纵径 1.42cm，平均横径 1.36cm，收获末期鲜果千粒重 623.8g。果实总含水量 80.09%，枸杞多糖 3.82g/100g。适于鲜食，加工枸杞酒、饮料等。

栽培技术要点

选择地势平坦，排灌方便，土壤熟化程度高的砂壤土或轻砂壤土地，在春季和秋季各施 1 次基肥，定植穴 40cm×40cm×40cm，初果期在距地面 55~60cm 处定主干，成龄在生长季和休眠季修剪，果实由黄红色变为鲜红色时及时采摘。

适宜种植范围

宁夏、青海、新疆等枸杞栽培区。

1	2	4
3		
5		6

1. 花
2. 鲜果
3. 成熟果对照（左为中科绿川 1 号；右为宁杞 4 号）
4. 区域试验（新疆中国科学院吐鲁番沙漠植物园）
5. 母树
6. 盛果期

细榧

树种：榧树　　**学名**：*Torreya grandis* 'Xifei'
类别：品种　　**编号**：国 S-SV-TG-024-2011
通过类别：审定　　**申请人（单位）**：浙江省诸暨市林业科学研究所

品种特性

树干黑褐色，鳞片状斑剥。盛花期4月上中旬，第2年8月下旬至9月上旬果实成熟。果实长卵形，无明显果粉；种子颗粒均匀，种核重1.5~1.8g，核形指数0.4~0.5，外种皮棕褐色，棱纹细密平直，榧眼2个。出仁率67.6%，种仁含油率54.48%，不饱和脂肪酸占油脂的81.68%，粗蛋白11.72%，总糖4.03%。种子经炒制后食用为主。

栽培技术要点

造林地要求阴凉，空气湿度较大且排水良好的低山丘陵，微酸至中性，质地轻黏至砂壤的土壤。造林密度（4~5）m×（5~6）m。穴规格60cm×60cm×50cm，大苗造林的大穴规格80cm×80cm×60cm，填土施基肥15~25kg。低丘地带以秋冬造林为好，海拔500m以上采用春季造林，造林时间宜选阴湿天气。须配置3%~5%中花类型雄树为授粉树，人工授粉效果更好。秋季劈山抚育，年施肥1~2次，以农家肥和复合肥为宜。

适宜种植范围

浙江、安徽等地海拔150~800m榧树栽培区。

1	2	5
3	4	
6		7

1. 果实　5. 母树林
2. 种子　6. 试验林
3. 雄花　7. 枝叶
4. 雌花

华仲 6 号

树种： 杜仲
类别： 品种
通过类别： 审定
学名： *Eucommia ulmoides* 'Huazhong 6'
编号： 国 S-SV-EU-025-2011
申请人（单位）： 中国林业科学研究院经济林研究开发中心

品种特性

雌株，树势中庸，树姿开张，树皮浅纵裂型，6 年生胸径 8.17cm。果实 9 月中旬至 10 月中旬成熟。第 5 年进入盛果期，年产果量达 3500~5900kg/hm^2，产胶量 443kg/hm^2。树皮含胶率 9.83%，叶片含胶率 2.33%。果实椭圆形，果实含胶率 12.19%，种仁粗脂肪 24%~28%，其中亚麻酸 55%~58%。用于提取杜仲胶和中药产业。

栽培技术要点

选择光照充足、土层厚的平地或坡度 <10° 的丘陵山地开阔地带。栽植密度 4m × 4m~2m × 3m，每穴施农家肥 20~30kg 加饼肥 1kg。须种植 5%~10% 的授粉品种‘华仲 1 号’和‘华仲 5 号’，修剪为自然开心形和两层疏散开心形。为了减少大小年结果现象，可在结果大年的 5 月下旬至 6 月中旬对主干或主枝进行环剥，环剥宽度 1~1.5cm，上下留 1~2cm 宽的营养带。采用条状沟施肥法，施杜仲果园专用复合肥。

适宜种植范围

河南、陕西等地杜仲栽培区。

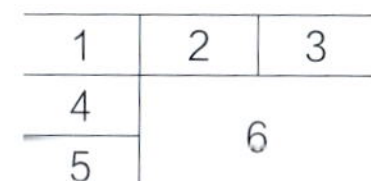

1. 叶片　2. 树干　3. 花　4. 果实　5. 结果枝　6. 试验林

华仲 7 号

树种：杜仲　**学名：***Eucommia ulmoides* 'Huazhong 7'
类别：品种　**编号：**国 S-SV-EU-026-2011
通过类别：审定　**申请人（单位）：**中国林业科学研究院经济林研究开发中心

品种特性

雌株，树势较强，树姿较开张，树皮浅纵裂型，6 年生胸径 7.93cm。果实 9 月中旬至 10 月中旬成熟。第 5 年进入盛果期，产胶量达 323 kg/hm^2。树皮含胶率 10.25%，叶片含胶率 2.31%。果实长椭圆形，果实含胶率 10.68%，种仁粗脂肪 29%~32%，其中亚麻酸 58%~61%。用于提取杜仲胶和中药产业。

栽培技术要点

选择光照充足、土层厚的平地或坡度 <10° 的丘陵山地开阔地带。栽植密度 4m × 4m~2m × 3m，每穴施农家肥 20~30kg 加饼肥 1kg。须种植 5%~10% 的授粉品种'华仲 1 号'，修剪为自然开心形和两层疏散开心形。为了减少大小年结果现象，可在结果大年的 5 月下旬至 6 月中旬对主干或主枝进行环剥，环剥宽度 1~1.5cm，上下留 1~2cm 宽的营养带。采用条状沟施肥法，施杜仲果园专用复合肥。

适宜种植范围

河南、陕西等地杜仲栽培区。

1	2
3	4
5	6

1. 叶片　4. 结果枝
2. 花　5. 试验林
3. 果实　6. 树干

华仲 8 号

树种：杜仲
类别：品种
通过类别：审定
学名：*Eucommia ulmoides* 'Huazhong 8'
编号：国 S-SV-EU-027-2011
申请人（单位）：中国林业科学研究院经济林研究开发中心

品种特性

雌株，树势中庸，树姿开张，树皮浅纵裂型，6 年生胸径 8.20cm。果实 9 月中旬至 10 月中旬成熟。第 5 年进入盛果期，产胶量达 323kg/hm^2。树皮含胶率 10.03%，叶片含胶率 3.23%。果实椭圆形，果实含胶率 11.96%，种仁粗脂肪 28%~30%，其中亚麻酸 59%~62%。用于提取杜仲胶和中药产业。

栽培技术要点

选择光照充足、土层厚的平地或坡度 <10° 的丘陵山地开阔地带。栽植密度 4m × 4m~2m × 3m，每穴施农家肥 20~30kg 加饼肥 1kg。须种植 5%~10% 的授粉品种‘华仲 1 号’，修剪为自然开心形和两层疏散开心形。为了减少大小年结果

现象，可在结果大年的 5 月下旬至 6 月中旬对主干或主枝进行环剥，环剥宽度 1~1.5cm，上下留 1~2cm 宽的营养带。采用条状沟施肥法，施杜仲果园专用复合肥。

适宜种植范围

河南、陕西等地杜仲栽培区。

1	2
3	4
5	6

1. 叶片
2. 花
3. 果实
4. 结果枝
5. 树干
6. 试验林

华仲 9 号

树种：杜仲
类别：品种
通过类别：审定
学名：*Eucommia ulmoides* 'Huazhong 9'
编号：国 S-SV-EU-028-2011
申请人（单位）：中国林业科学研究院经济林研究开发中心

品种特性

雌株，树势较强，树姿较开张，树皮浅纵裂型，6 年生胸径 7.55cm。果实 9 月中旬至 10 月中旬成熟。第 5 年进入盛果期，产胶量达 324kg/hm^2。树皮含胶率 9.14%，叶片含胶率 2.05%。果实含胶率 11.60%，种仁粗脂肪 28%~30%，其中亚麻酸 59%~62%。用于提取杜仲胶和中药产业。

栽培技术要点

选择光照充足、土层厚的平地或坡度 <10° 的丘陵山地开阔地带。栽植密度 4m × 4m~2m × 3m，每穴施农家肥 20~30kg 加饼肥 1kg。须种植 5%~10% 的授粉品种'华仲 1 号'，修剪为自然开心形和两层疏散开心形。为了减少大小年结果现象，可在结果大年的 5 月下旬至 6 月中旬对主干或主枝进行环剥，环剥宽度 1~1.5cm，上下留 1~2cm 宽的营养带。采用条状沟施肥法，施杜仲果园专用复合肥。

适宜种植范围

河南、陕西等地杜仲栽培区。

1	2
3	4
5	6

1. 叶片　2. 花　3. 果实　4. 结果枝　5. 试验林　6. 树干

金宝亚特红香玉

树种：木瓜　　学名：*Chaenomeles speciosa* 'Jinbao yate hongxiangyu'
类别：品种　　编号：国 S-SV-CS-029-2011
通过类别：审定　　申请人（单位）：山东亚特生态技术有限公司

品种特性

落叶灌木，树皮浅褐色平滑。果实圆球形或短圆柱形，幼时浅绿色，向阳处暗红色，成熟时黄绿色；果皮光滑；平均单果重 150~200g，最大单果重 500g，5 年生亩产 5000kg 以上；果肉较厚，白色，肉细，无纤维，汁液较多。花期 4 月，果期 9~10 月。鲜木瓜总酸 2.7%，总糖 2.6%，维生素 C 99.2mg/100g。药食兼用。

栽培技术要点

选择土层疏松，排水良好，靠水源近，肥沃的砂壤土。穴垦或全垦加穴。立冬后或清明前，选阴天或雨后晴天栽植。当年 6~7 月应及时松土除草 1 次。追肥时每株施复合肥 60~100g，尿素 30~50g。第 2 年起，每年应松土除草 2 次，追肥 2 次。休眠期修剪病虫枯枝、长枝、高枝，修内枝、密枝，一般在 12 月到第 2 年的 2 月下旬进行。

适宜种植范围

山东、河南、安徽、湖北木瓜种植区。

1	2	3
4	5	

1. 果实　2. 母树　3. 花　4. 种子　5. 试验林

金宝亚特绿香玉

树种： 木瓜
类别： 品种
通过类别： 审定
学名： *Chaenomeles speciosa* 'Jinbao yate lvxiangyu'
编号： 国 S-SV-CS-030-2011
申请人（单位）： 山东亚特生态技术有限公司

品种特性

落叶灌木，树皮灰褐色，平滑。果实长卵形，熟时黄绿色，果皮光滑。5年生亩产5000kg以上。平均单果重200~300g，最大单果重800g。果肉较厚，白色，汁液较多。花期3月，果期8~9月。鲜木瓜总酸2.6%，总糖2.1%，维生素C 91.6mg/100g，齐墩果酸146.6mg/100g。药食兼用。

栽培技术要点

选择土层疏松，排水良好，靠水源近，肥沃的砂壤土。采用穴垦或全垦加穴。立冬后或清明前，选阴天或雨后晴天栽植。当年6~7月松土除草1次。追肥时每株施复合肥60~100g，尿素30~50g。第2年起，每年应松土除草2次，追肥2次。休眠期修剪病虫枯枝、长枝、高枝，修内枝、密枝，一般在12月到第2年的2月下旬进行。

适宜种植范围

山东、河南、安徽、湖北木瓜种植区。

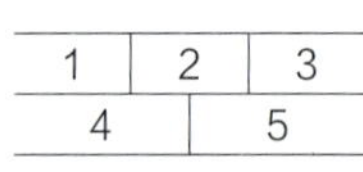

1. 种子
2. 花
3. 果实
4. 母树
5. 试验林

金宝萝青 101

树种：木瓜
类别：品种
通过类别：审定
学名：*Chaenomeles speciosa* 'Jinbao luoqing 101'
编号：国 S-SV-CS-031-2011
申请人（单位）：山东亚特生态技术有限公司

品种特性

落叶灌木，树皮浅褐色，平滑。果实大而稀，成熟时黄色，有光泽，5 年生亩产 6000 kg。平均单果重 400~500g，最大单果重 1800g。果肉厚 3.5cm，淡黄色，肉细，无纤维，汁液多。花期 3~4 月，果期 9~10 月。鲜木瓜总酸 2.3%，总糖 1.5%，维生素 C 83mg/100g。药食兼用。

栽培技术要点

选择土层疏松，排水良好，靠水源近，肥沃的砂壤土。穴垦或全垦加穴。立冬后或清明前，选阴天或雨后晴天栽植。当年 6~7 月应松土除草 1 次。追肥时每株施复合肥 60~100g，尿素 30~50g。第 2 年起，每年应松土除草 2 次，追肥 2 次。休眠期修剪病虫枯枝，长枝，高枝，修内枝，密枝，一般在 12 月到第 2 年的 2 月下旬进行。

适宜种植范围

山东、河南、安徽、湖北木瓜种植区。

1	2	3
4	5	

1. 种子
2. 果实
3. 花
4. 母树
5. 区域化示范基地（北京房山窦店镇芦村）

金宝萝青 106

树种：木瓜
类别：品种
通过类别：审定
学名：*Chaenomeles speciosa* 'Jinbao luoqing 106'
编号：国 S-SV-CS-032-2011
申请人（单位）：山东亚特生态技术有限公司

品种特性

落叶灌木，树皮黄褐色，平滑。果实长卵形，向阳面红色，成熟黄绿色，果面光滑。5 年生亩产 6500 kg。平均单果重 450~550g，最大单果重 1500g。果肉厚 2.3cm，白色，汁液多。花期 4 月上旬，果期 9~10 月。鲜木瓜总酸 2.6%，总糖 2.7%，维生素 C 72.8mg/100g。药食兼用。

栽培技术要点

选择土层疏松，排水良好，靠水源近，肥沃的砂壤土。穴垦或全垦加穴。立冬后或清明前，选阴天或雨后晴天栽植。当年 6~7 月应松土除草 1 次。追肥时每株施复合肥 60~100g，尿素 30~50g。第 2 年起，每年应松土除草 2 次，追肥 2 次。休眠期修剪病虫枯枝、长枝、高枝，修内枝、密枝，一般在 12 月到第 2 年的 2 月下旬进行。

适宜种植范围

山东、河南、安徽、湖北木瓜适生区。

1. 种子
2. 花
3. 果实
4. 母树
5. 区域化试验林（山东临沂莒南鸡山）
6. 区域化试验林（湖北郧县木瓜产业基地）

湘林 32

树种：油茶
类别：无性系
通过类别：审定
学名：*Camellia oleifera* 'Xianglin 32'
编号：国 S-SC-CO-033-2011
申请人（单位）：湖南省林业科学院

品种特性

树体生长旺盛，冠形较开张。鲜果大小 25~45 个 /500g，果实青黄或黄红色，卵球形。花期 11~12 月。鲜出籽率 47.9%，干籽含油率 40.9%，鲜果含油率 11.4%，亩产油 54.4kg，茶油油酸 87.54%，亚油酸 3.57%。可用于食用植物油和化妆品等生产。

栽培技术要点

选择低山丘陵林地，带状或块状整地，合格壮苗造林，施足基肥，每公顷 1125~1650 株。新造幼林前 3 年注意补植培蔸，秸秆覆盖抗旱，定干培养树形，摘除花苞，及时抚育管理。成林投产后加强水肥管理，合理修剪，及时防治病虫害。大树换冠树同新造林的成林管理。

适宜种植范围

湖南、湖北、江西油茶适生区。

1. 结果母树
2. 果实
3. 种子
4. 花

湘林 63

树种：油茶
类别：无性系
通过类别：审定
学名：*Camellia oleifera* 'Xianglin 63'
编号：国 S-SC-CO-034-2011
申请人（单位）：湖南省林业科学院

品种特性

树冠开心形，枝条开张。鲜果大小 22~42 个 /500g，果青黄或青红色，球形或卵球形。花期 10 月下旬至 12 月。鲜出籽率 42.4%，干籽含油率 37%，鲜果含油率 10.7%，亩产油 53.2kg，茶油油酸 76.9%，亚油酸 6.24%。可用于食用植物油生产。

栽培技术要点

选择低山丘陵林地，带状或块状整地，合格壮苗造林，施足基肥，每公顷 1125~1650 株。新造幼林前 3 年注意补植培蔸，秸秆覆盖抗旱，定干培养树形，摘除花苞，及时抚育管理。成林投产后加强水肥管理，合理修剪，及时防治病虫害。大树换冠树同新造林的成林管理。

适宜种植范围

湖南、湖北、江西油茶适生区。

1	4
2	
3	

1. 花
2. 果实
3. 种子
4. 结果母树

湘林 78

树种：油茶
类别：无性系
通过类别：审定
学名：*Camellia oleifera* 'Xianglin 78'
编号：国 S-SC-CO-035-2011
申请人（单位）：湖南省林业科学院

品种特性

树冠圆头形，分枝力强。鲜果大小 22~38 个 /500g，果实青黄或黄色卵球形。花期 10 下旬至 12 月。鲜出籽率 47.0%，鲜果含油率 8.0%，亩产油 54.6kg，茶油油酸 88.05%，亚油酸 3.58%。可用于食用植物油和化妆品等生产。

栽培技术要点

选择低山丘陵林地，带状或块状整地，合格壮苗造林，施足基肥，每公顷 1125~1650 株。新造幼林前 3 年注意补植培蔸，秸秆覆盖抗旱，定干培养树形，摘除花苞，及时抚育管理。成林投产后加强水肥管理，合理修剪，及时防治病虫害。大树换冠树同新造林的成林管理。

适宜种植范围

湖南、湖北、江西油茶适生区。

1. 结果树
2. 花
3. 种子
4. 果实

林 木 良 种 名 录

atalog of improved varieties of forest trees

2012 年

南杨

树种：杨树
类别：品种
通过类别：审定
学名：*Populus deltoides* 'Nanyang'
编号：国 S-SV-PD-001-2012
申请人（单位）：胡建军

品种特性

雄株。树干通直，窄冠，树皮灰白色，裂痕浅。纤维长 1118.95μm，宽 21.53μm。可作纸浆材、胶合板材和锯材。

栽培技术要点

造林前苗木浸泡 2 周以上。修去竞争枝，中耕 1~2 次。纸浆材栽植密度 4m × 3m，大径材栽植密度 5m × 6m 或 6m × 6m。

适宜种植范围

山东、河南、湖南、湖北等杨树适宜栽培区。

1. 试验林
2. 树皮
3. 片林

丹红杨

树种：杨树
类别：品种
通过类别：审定
学名：*Populus deltoides* 'Danhongyang'
编号：国 S-SV-PD-002-2012
申请人（单位）：胡建军

品种特性

雌株。树冠长卵形，冠幅中等，干形通直，树皮粗糙开裂。纤维长 1156. 56μm，宽 20. 89μm。可作纸浆材、胶合板材和锯材。

栽培技术要点

造林前苗木浸泡 2 周以上。修去竞争枝，中耕 1~2 次。纸浆材栽植密度 4m × 3m，大径材栽植密度 5m × 6m 或 6m × 6m。

适宜种植范围

山东、河南、湖南、湖北等杨树适宜栽培区。

1		
2	3	4

1. 树冠
2. 树皮
3. 树干
4. 试验林

三毛杨 7 号

树种：杨树
类别：无性系
通过类别：审定
学名：*Populus* 'Sanmaoyang 7'
编号：国 S-SC-PT-003-2012
申请人（单位）：北京林业大学

品种特性

雌株。树干顶端稍有弯曲，树皮灰绿色或褐色，光滑。可作纸浆材等纤维工业用材。

栽培技术要点

春季造林为主。当年生苗造林，造林前浸水 1~2 天，造林后及时浇水，造林密度 500~1500 株 /hm^2。

适宜种植范围

北京、河北、山西中南部、山东西北部及河南北部等平原和河谷川地。

1	2	4
3		

1. 叶片
2. 树干
3. 枝叶
4. 片林

三毛杨 8 号

树种： 杨树
类别： 无性系
通过类别： 审定
学名： *Populus* 'Sanmaoyang 8'
编号： 国 S-SC-PT-004-2012
申请人（单位）： 北京林业大学

品种特性

雄株。树干通直，树皮灰绿色或褐色，光滑。可作纸浆材等纤维工业用材。

栽培技术要点

春季造林为主。当年生苗造林，造林前浸水 1~2 天，造林后及时浇水，造林密度 500~1500 株 /hm^2。

适宜种植范围

北京、河北、山西中南部、山东西北部以及河南北部等平原和河谷川地。

1	2	3
	4	

1. 片林
2. 树干
3. 叶片
4. 枝叶

广西南宁市林科所马尾松初级无性系种子园种子

树种： 马尾松
学名： *Pinus massoniana*
类别： 种子园种子
编号： 国 S- CSO(1)-PM-005-2012
通过类别： 审定
申请人（单位）： 广西壮族自治区林业科学研究院、广西南宁市林业科学研究所

品种特性

干形通直。福建 13 年生平均树高 7.67m，胸径 10.9cm，蓄积量 60.5m^3/hm^2。可用于纸浆材、建筑材和板材。

栽培技术要点

块状（或穴状）整地，整地规格 40cm×40cm×25cm。造林后须抚育 2~3 年。施肥以磷肥为主，适当配以钾肥。

适宜种植范围

广西、福建、重庆海拔 300~800m 地区。

1	2
3	
4	

1. 区域试验林（2004 年造林，重庆市彭水县郁山镇）
2. 区域试验林（1992 年造林，广西南宁市林业科学研究所）
3. 种子园（广西南宁市林业科学研究所）
4. 区域试验林（1998 年造林，福建仙游县溪口林场）

广西藤县大芒界马尾松初级无性系种子园种子

树种： 马尾松
学名： *Pinus massoniana*
类别： 种子园种子
编号： 国 S- CSO(1)-PM-006-2012
通过类别： 审定
申请人（单位）： 广西壮族自治区林业科学研究院、广西藤县大芒界种子园

品种特性

干形通直。福建 15 年生平均树高 9.82m，胸径 12.71cm，蓄积量 67.5m^3/hm^2。可用于纸浆材、建筑材和板材。

栽培技术要点

块状（或穴状）整地，整地规格 40cm × 40cm × 25cm。造林后抚育 2~3 年。幼林郁闭前抚育 3~5 次，施肥以磷肥为主，适当配以钾肥。

适宜种植范围

广西、福建、重庆海拔 300~800m 地区。

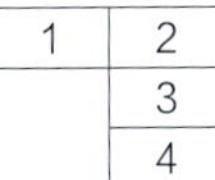

1. 区域试验林（2005 年造林，重庆市彭水县联合乡）
2. 种子园（广西藤县大芒界）
3. 区域试验林（1993 年造林，广西藤县大芒界种子园）
4 区域试验林（1996 年造林，福建仙游县溪口林场）

大孤家 35

树种：日本落叶松　　**学名：***Larix kaempferi* 'Dagujia 35'
类别：家系　　**编号：**国 S- SF-LK-007-2012
通过类别：审定　　**申请人（单位）：**中国林业科学研究院林业研究所

品种特性

树冠塔形，树干通直。树皮深褐色，纵裂长鳞片状剥落。辽宁 22 年生平均胸径 24.21cm，树高 19.19m，材积 0.4205m^3。适合营建速生丰产用材林。

栽培技术要点

造林宜在阴坡、半阴或半阳坡土壤肥沃的山地，土层厚度 50cm 以上，土壤为山地棕壤或黄棕壤，pH6.0 左右。穴状整地，规格 40cm×40cm×30cm，初植株行距 2.0m×2.0m，或 1.5m×2m。

适宜种植范围

河北、辽宁、吉林温带低山区。

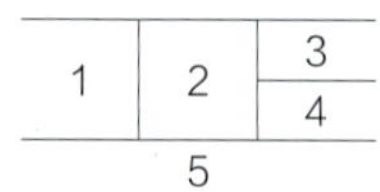

1. 小枝　4. 针叶
2. 树皮　5. 实验林
3 球果

大孤家 1061

树种：日本落叶松
类别：家系
通过类别：审定
学名：*Larix kaempferi* 'Dagujia 1061'
编号：国 S- SF-LK-008-2012
申请人（单位）：中国林业科学研究院林业研究所

品种特性

树冠塔形，树干通直。树皮暗褐色，细条状开裂。辽宁 28 年生平均胸径 25.60cm，树高 24.57m，材积 0.5882m^3。适合营建速生丰产用材林。

栽培技术要点

造林地宜选在阴坡、半阴或半阳坡土壤肥沃的山地，土层厚度 50cm 以上，土壤为山地棕壤或黄棕壤，pH6.0 左右。初植株行距 2.0m × 2.0m 或 1.5m × 2m。

适宜种植范围

河北、辽宁、吉林温带低山区。

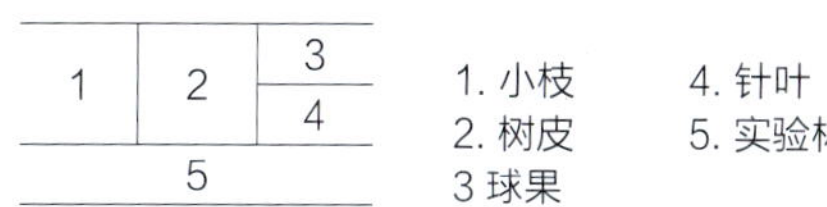

1. 小枝 2. 树皮 3 球果 4. 针叶 5. 实验林

大孤家 81

树种： 日本落叶松 × 兴安落叶松

学名： *Larix kaempferi* × *L. gmelinii* 'Dagujia 81'

类别： 家系

编号： 国 S- SF-LK-009-2012

通过类别： 审定

申请人（单位）： 中国林业科学研究院林业研究所

品种特性

树冠塔形，树干通直。树皮深褐色，纵状深裂。27 年生平均胸径 23.64cm，树高 23.12m，材积 0.5108m^3。适合营建速生丰产用材林。

栽培技术要点

造林地宜选在阴坡、半阴或半阳坡土壤肥沃的山地，土层厚度 50cm 以上，土壤为山地棕壤或黄棕壤，pH6.0 左右。穴状整地，规格 40cm × 40cm × 30cm，初植株行距 2.0m × 2.0m 或 1.5m × 2m。

适宜种植范围

河北、辽宁、吉林温带低山区。

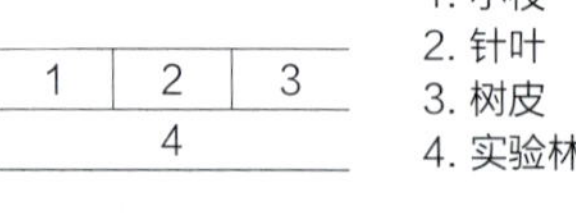

1. 小枝
2. 针叶
3. 树皮
4. 实验林

大孤家 303

树种： 日本落叶松　**学名：** *Larix kaempferi* 'Dagujia 303'
类别： 家系　**编号：** 国 S- SF-LK-010-2012
通过类别： 审定　**申请人（单位）：** 中国林业科学研究院林业研究所

品种特性

树冠塔形，树干通直。树皮深褐色，纵裂成长鳞片状翘起，易剥落。18 年生平均胸径 16.75cm，树高 18.57m，材积 $0.2104m^3$。适合营建速生丰产林。

栽培技术要点

造林地宜阴坡、半阴或半阳坡土壤肥沃的山地，土层厚度 50cm 以上，山地棕壤或黄棕壤，pH6.0 左右。穴状整地，规格 40cm×40cm×30cm，初株行距 2.0m×2.0m 或 1.5m×2m。

适宜种植范围

河北、辽宁、吉林温带低山区。

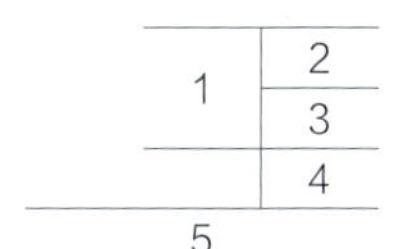

1. 树皮
2. 球果
3. 针叶
4. 小枝
5. 试验林

水栎 AR 种源

树种：水栎
类别：种源
通过类别：审定
学名：*Quercus nigra*
编号：国 S-SP-QN-011-2012
申请人（单位）：中国林业科学研究院亚热带林业研究所、上海市松江区林业站

品种特性

喜光，喜水湿。干形通直，枝叶浓密，树冠紧凑匀称。在上海造林 9 年平均树高和胸径分别为 12.4m 和 17.6cm。可作景观绿化、防护林和工业用材林。

栽培技术要点

育苗前种子需低温砂藏 2 个月，露白后及时播种；选择湿润肥沃立地造林；用材林或生态公益林，初植密度 2m×3m 为宜。

适宜种植范围

浙江、上海、江苏、安徽等地平原地区。

1. 林相（10 年生）
2. 树形
3. 初冬红叶型
4. 春梢红叶型

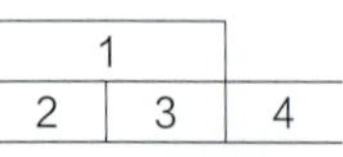

纳塔栎 LA 种源

树种： 纳塔栎
类别： 种源
通过类别： 审定
学名： *Quercus nuttallii*
编号： 国 S-SP-QN-012-2012
申请人（单位）： 中国林业科学研究院亚热带林业研究所、上海市松江区林业站

品种特性

喜光，耐水涝。树体通直粗壮、树冠匀称、秋色红艳。在松江栽种 9 年平均树高和胸径分别为 11.98m 和 15.27cm。可作低湿平原地区通道防护林带、公园庭院绿化。

栽培技术要点

育苗前种子低温砂藏 2 个月，露白后播种；低湿平原地区的水旁、路旁造林，片林初植密度 2m × 3m，园区景观绿化树木，及时修剪树干下部侧枝。

适宜种植范围

浙江、上海、江苏、安徽、江西等地平原地区。

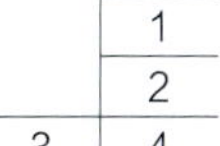

1. 幼林（秋色）
2、4. 绿化大苗精品培育
3. 叶形（秋色）

柳叶栎 LA 种源

树种：柳叶栎
类别：种源
通过类别：审定
学名：*Quercus phellos*
编号：国 S-SP-QP-013-2012
申请人（单位）：中国林业科学研究院亚热带林业研究所、上海市松江区林业站

品种特性

喜光，喜水湿。干形挺直，上海造林 9 年平均树高和胸径分别为 11.14m 和 12.33cm，最大胸径达 25.3cm。可作景观绿化、防护林和工业用材林。

栽培技术要点

育苗前种子需低温砂藏 2 个月，露白后播种；选择湿润肥沃立地造林；作为生态公益林，初植密度 2m × 3m 为宜。

适宜种植范围

浙江、上海、江苏、安徽等地的平原地区。

1. 树形（秋色）
2. 片林（秋色）
3. 叶形（秋色）

秀发

树种：披针叶薹草
类别：品种
通过类别：审定
学名：*Carex lanceolata* 'Xiufa'
编号：国 S-SV-CL-014-2012
申请人（单位）：北京草业与环境研究发展中心

品种特性

冷季型宿根草本植物。叶片繁密，株高32cm。花果期3月底至5月中旬。北京地区绿色期230天左右。可用于庭院、公共绿地、村镇等园林绿化环境以及郊区生态环境治理。

栽培技术要点

壤土、黏土、轻质砂土都可正常生长。栽植深度以覆盖根际为宜，移栽后需浇透水以保成活。冬前、早春各充分灌溉1次。3~5月花果期不宜移栽和分株繁殖。

适宜种植范围

北京、河北、山东等披针叶苔草栽培区。

1	2
3	4
5	6

1. 花果期植株
2. 种子
3. 种植当年植株
4. 花序
5. 群体
6. 种植第3年植株

京薰 2 号

树种：薰衣草
类别：品种
通过类别：审定

学名：*Lavandula angustifolia* 'Jingxun 2'
编号：国 S-SV-LA-015-2012
申请人（单位）：中国科学院植物研究所

品种特性

观花品种。多年生亚灌木，植株树势强壮，紧凑分枝多。株高 40~50cm，株幅 60~65cm。花属顶生穗状花序，雌雄同花，异花授粉；花萼半紫、基青，花色深紫，花萼深紫色。

栽培技术要点

要求土壤深厚平整、排水良好。冬（10 月下旬至 12 月上中旬）、春（3 月中旬至 4 月上旬）两季种植。

适宜种植范围

新疆伊犁河谷地带和胶东半岛丘陵地区。

1	
2	3
4	5

1. 区域种植（山东青岛市黄岛区藏马山）
2. 株高（40~50cm）
3. 园林应用
4. 区域种植（新疆生产建设兵团第四师 69 团）
5. 花穗

京薰 1 号

树种：薰衣草
类别：品种
通过类别：审定
学名：*Lavandula angustifolia* 'Jingxun 1'
编号：国 S-SV-LA-016-2012
申请人（单位）：中国科学院植物研究所

品种特性

多年生亚灌木，株形整齐，半开张，呈半倒伏状。株高 60~70cm，株幅 80~100cm。花属顶生穗状花序，雌雄同花，异花授粉；花萼端紫、下部灰白，花淡紫色，花期较集中。

栽培技术要点

冬、春两季种植。冬季种植时间为 10 月中下旬至 12 月上中旬，春季种植 3 月中旬至 4 月上旬，株行距 0.8m × 1m。

适宜种植范围

新疆伊犁河谷地带和胶东半岛丘陵地区。

1	2
3	
4	

1. 株形
2. 株高（60~70cm）与花穗
3. 区域种植（新疆生产建设兵团第四师 69 团）
4. 区域种植（山东青岛市黄岛区藏马山）

鲁枣 4 号

树种： 枣
类别： 品种
通过类别： 审定
学名： *Ziziphus jujuba* 'Luzao 4'
编号： 国 S-SV-ZJ-017-2012
申请人（单位）： 山东省果树研究所

品种特性

树姿直立，1 年生枝紫红色。果实长椭圆形，平均单果重 10.1g。在山东泰安，9 月中旬成熟，果实发育期 95~100 天。制干、鲜食兼用。

栽培技术要点

平原株行距（2~3）m×（3~4）m，山区按等高线 1.5m 株距定植。适宜树形为小冠疏层形或开心形。修剪采用抹芽、摘心、拉枝、疏枝、拿枝等，无须环剥。盛花初期喷施 10mg/L 赤霉素，促进坐果；萌芽前、花前及幼果期追肥。

适宜种植范围

山东、河北、山西、新疆等枣适宜栽培区。

1	2	4	5
3			
6		7	

1. 干枣
2. 鲜枣
3. 花、叶
4. 结果状
5. 结果枝组
6. 母树
7. 试验林

鲁枣 5 号

树种： 枣
类别： 品种
通过类别： 审定
学名： *Ziziphus jujuba* 'Luzao 5'
编号： 国 S-SV-ZJ-018-2012
申请人（单位）： 山东省果树研究所

品种特性

树姿直立，树势强。果实发育期 95~100 天，在山东泰安，9 月上旬开始着色，中旬全红成熟。果实椭圆形，平均单果重 10.5g，成熟期遇雨不裂果。制干、鲜食兼用。

栽培技术要点

平原地株行距（2~3）m×（3~4）m，山区按等高线 1.5~2.0m 株距定植。适宜树形开心形或小冠疏层形。修剪采用摘心、抹芽、拉枝、撑枝、环割等。初花期新梢摘心，盛花初期喷施 10mg/L 赤霉素，促进坐果。

适宜种植范围

山东、河北、山西、新疆等枣适宜栽培区。

1. 花与叶
2. 结果状
3. 结果枝组
4. 干枣
5. 鲜枣及纵剖面
6. 试验林
7. 母树

鲁枣 6 号

树种： 枣
类别： 品种
通过类别： 审定
学名： *Ziziphus jujuba* 'Luzao 6'
编号： 国 S-SV-ZJ-019-2012
申请人（单位）： 山东省果树研究所

品种特性

晚熟鲜食品种。果实生长期 110~120 天，在山东泰安，9 月中下旬开始着色，10 月上旬全红成熟。果实长柱形或平顶锥形，平均单果重 12.2g。

栽培技术要点

选根颈直径 0.8cm、苗高 80cm 根系良好的优质苗木栽植。平原株行距（2~3）m×（3~4）m，山区按等高线 1.5~2m 株距定植。适宜树形开心形或小冠疏层形。采用抹芽、摘心、拿枝、撑枝、环割等措施，无须环剥。初花期新梢摘心，盛花初期喷施 10mg/L 赤霉素 1~2 次，促进坐果。

适宜种植范围

山东、河北、山西、新疆等枣适宜栽培区。

1	3	4	5
2			
6			7

1. 花、叶
2. 鲜枣
3. 嫁接当年结果状
4. 结果枝组
5. 丰产状
6. 试验林
7. 母树

鲁枣 10 号

树种： 枣
类别： 品种
通过类别： 审定
学名： *Ziziphus jujuba* 'Luzao 10'
编号： 国 S-SV-ZJ-020-2012
申请人（单位）： 山东省果树研究所

品种特性

树势中庸，树形为自然开心形。山东泰安 9 月上中旬成熟采收，果实生长期 95~100 天。果实短圆形，平均单果重 5.5g。鲜食，适宜鲜枣加工。

栽培技术要点

平原株行距 2m × 3m 或 3m × 4m，山区按等高线 1.5m 株距定植。适宜树形自然开心形或小冠疏层形。修剪采用抹芽、摘心、拉枝、疏枝、拿枝等措施；无须环剥和配置授粉树，初花期新梢摘心，盛花初期喷施 10mg/L 赤霉素，促进坐果；追肥在萌芽前、花前及幼果期进行。

适宜种植范围

山东、河北、山西、新疆等枣适宜栽培区。

1. 花、叶
2. 果实
3. 果实枝组
4. 结果状
5. 母树
6. 试验林

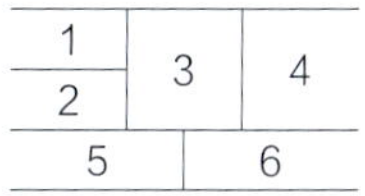

新郑红 2 号

树种： 枣
类别： 品种
通过类别： 审定
学名： *Ziziphus jujuba* 'Xinzhenghong 2'
编号： 国 S-SV-ZJ-021-2012
申请人（单位）： 赵旭升

品种特性

树姿开张，皮面粗糙，呈条状纵裂。在河南新郑，9 月中旬成熟，果实生长期 100 天左右。果实圆柱形，平均单果重 11.2g。鲜食、制干、加工。

栽培技术要点

选择平整、土壤肥沃的土地。栽植密度 2m×3m。矮化密植型枣园树形可选小冠分层形、开心形等。施肥以有机肥为主，化肥为辅。灌水应把握萌芽期、开花期、幼果期以及落叶前的灌冻水。

适宜种植范围

河南、新疆等枣适宜栽培区。

1. 果实及果实纵横剖面
2. 花与叶
3. 幼果
4. 白熟期
5. 结果状
6. 母树
7. 试验林

华仲 1 号

树种：杜仲
类别：品种
通过类别：审定
学名：*Eucommia ulmoides* 'Huazhong 1'
编号：国 S-SV-EU-022-2012
申请人（单位）：中国林业科学研究院经济林研究开发中心

品种特性

树势强，树冠紧凑，呈宽圆锥形。栽植后 18 年树高 15.2m，胸径 21.15cm。雄花期 3 月上旬至 4 月中旬。用于中药产业。

栽培技术要点

选择光照充足、土层厚的平地或坡度 <10° 的丘陵山地开阔地带。一般栽植密度 3m × 3m 或 2m × 2m，每穴施农家肥 20~30kg 加饼肥 1kg。造林后及时抹去主干 1.5cm 以下萌芽，干旱地区造林在无法浇水情况下，采用截干造林。

适宜种植范围

河南、湖北等地杜仲栽培区。

1		
2	3	4

1. 生长情况（8 年生）
2. 新梢
3. 雄花
4. 树干（17 年生）

华仲 2 号

树种：杜仲
类别：品种
通过类别：审定
学名：*Eucommia ulmoides* 'Huazhong 2'
编号：国 S-SV-EU-023-2012
申请人（单位）：中国林业科学研究院经济林研究开发中心

品种特性

树冠开张呈圆头形。栽植后 18 年树高 14.6m，胸径 16.83cm。雌花期 4 月 1~15 日。用于中药产业。

栽培技术要点

选择光照充足、土层厚的平地或坡度 <10° 的丘陵山地开阔地带。栽植密度 3m×3m 或 2m×2m，每穴施农家肥 20~30kg 加饼肥 1kg。造林后及时抹去主干 1.5cm 以下萌芽，干旱地区造林在无法浇水情况下，采用截干造林。

适宜种植范围

河南、湖北等地杜仲栽培区。

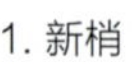

1. 新梢
2. 果实
3. 生长情况（8 年生）
4. 树干（17 年生）

1	2
3	4

华仲 3 号

树种： 杜仲
类别： 品种
通过类别： 审定
学名： *Eucommia ulmoides* 'Huazhong 3'
编号： 国 S-SV-EU-024-2012
申请人（单位）： 中国林业科学研究院经济林研究开发中心

品种特性

树冠开放，树皮厚 1.23cm。雌花期 4 月 1 日至 4 月 15 日。树皮含胶率 5.56%，树皮杜仲胶密度 13.27mg/cm^3。用于提取杜仲胶和中药产业。

栽培技术要点

选择光照充足、土层厚的平地或坡度 <10° 的丘陵山地开阔地带。一般栽植密度 3m × 3m 或 2m × 2m，每穴施农家肥 20~30kg 加饼肥 1kg。造林后及时抹去主干 1.5cm 以下萌芽，干旱地区采用截干造林。

适宜种植范围

河南、湖北等地杜仲栽培区。

1. 新梢
2. 果实
3. 生长情况（17 年生）
4. 生长情况（8 年生）

	1	2
3		4

华仲 4 号

树种： 杜仲
类别： 品种
通过类别： 审定
学名： *Eucommia ulmoides* 'Huazhong 4'
编号： 国 S-SV-EU-025-2012
申请人（单位）： 中国林业科学研究院经济林研究开发中心

品种特性

冠形紧凑，呈卵形。嫁接苗建园 18 年树高达 15.10m，胸径 18.4cm，树皮厚 1.25cm。雌花期 4 月 1 日至 4 月 15 日。杜仲皮内松脂素双糖苷含量 0.40%。用于中药产业。

栽培技术要点

选择光照充足、土层厚的平地或坡度 <10° 的丘陵山地开阔地带。一般栽植密度 3m × 3m 或 2m × 2m，每穴施农家肥 20~30kg 加饼肥 1kg。造林后及时抹去主干 1.5cm 以下萌芽，干旱地区采用截干造林。

适宜种植范围

河南、湖北等地杜仲栽培区。

1. 果实
2. 新梢
3. 丰产园（17 年生）
4. 生长情况（8 年生）

华仲 5 号

树种：杜仲
类别：品种
通过类别：审定

学名：*Eucommia ulmoides* 'Huazhong 5'
编号：国 S-SV-EU-026-2012
申请人（单位）：中国林业科学研究院经济林研究开发中心

品种特性

树冠成卵圆形。嫁接苗建园 18 年树高 14.80m，胸径 17.6cm，树皮厚 1.29cm。树皮松脂素双糖苷含量 0.28%。用于中药产业。

栽培技术要点

选择光照充足、土层厚的平地或坡度 <10° 的丘陵山地开阔地带。一般栽植密度 3m×3m 或 2m×2m，每穴施农家肥 20~30kg 加饼肥 1kg。造林后及时抹去主干 1.5cm 以下萌芽，干旱地区采用截干造林。

适宜种植范围

河南、湖北等地杜仲栽培区。

1	
2	
3	4

1. 雄花开花状
2. 新梢
3. 生长情况（8 年生）
4. 丰产园（17 年生）

佛奥

树种：油橄榄
类别：引种驯化品种
通过类别：审定
学名：*Olea europaea* 'Frantoio'
编号：国 S-ETS-OE-027-2012
申请人（单位）：云南省林业科学院

品种特性

树体长势强，树冠自然圆头形。定植 4 年后开花结果，8 年进入盛果期。果实椭圆倒卵形。鲜果主要用于榨取食用橄榄油。

栽培技术要点

春季末、秋季均可栽植，密度 4m×5m，种植时挖大穴（不小于 80cm），每穴施有机肥 50~80kg。树形以空心圆头形或三主枝开心形为最佳。

适宜种植范围

云南海拔 1500~2200m 的金沙江干热河谷区冬季冷凉地带、云南中部地区以及甘肃陇南地区。

1	3	4
2		
5	6	

1. 叶片、果实、果核
2. 开花状
3. 结果枝
4. 结果状
5. 区域试验（云南永仁）
6. 区域试验（云南玉龙）

金阳

树种：猕猴桃
类别：品种
通过类别：审定
学名：*Actinidia chinensis* 'Jinyang'
编号：国 S-SV-AC-028-2012
申请人（单位）：湖北省农业科学院果树茶叶研究所

品种特性

果实呈长圆柱形，果皮薄，棕绿色。平均单果重约 85g，最大单果重 155g。果肉黄色，汁液多。第 5 年进入盛果期。鲜食，也可加工成果汁、果脯和果酒等。

栽培技术要点

要求疏松肥沃、排水良好、微酸性的砂质壤土。株行距 4m×（4~5）m，雌雄比例一般（6~8）: 1 为宜。以棚架和“T”形架为宜，单干上架。及时修剪，注意疏花疏果。一年施肥 3 次，高温干旱季节防旱保水。

适宜种植范围

湖北、陕西等地海拔 1000m 以下，土壤微酸性的地区。

1	2
3	5
4	

1. 丰产状
2. 结果状
3. 花
4. 果实横剖面（示果肉）
5. 试验园（江苏徐州丰县常店镇贾庙村常庄）

金农

树种：猕猴桃	学名：*Actinidia chinensis* 'Jinnong'
类别：品种	编号：国 S-SV-AC-029-2012
通过类别：审定	申请人（单位）：湖北省农业科学院果树茶叶研究所

品种特性

果实广椭圆形，果皮薄，果面绿褐色。平均单果重 80g 左右，最大单果重 135g。第 5 年可进入盛果期。鲜食，也可加工成果汁、果脯和果酒等。

栽培技术要点

建园选择疏松肥沃、排水良好、微酸性的砂质壤土。株行距 4m×（4~5）m，雄性品系为‘金雄 1 号’，雌雄比例一般（6~8）:1 为宜。以棚架和“T”形架为宜，单干上架。及时修剪，注意疏花疏果。一年施肥 3 次，高温干旱季节防旱保水。

适宜种植范围

湖北、陕西等地海拔 1000m 以下，土壤微酸性的地区。

1	4
2	
3	5

1. 花
2. 果实剖面（示果肉）
3. 结果状
4. 丰产林
5. 试验园

金圆

树种：猕猴桃
类别：品种
通过类别：审定
学名：*Actinidia chinensis* 'Jinyuan'
编号：国 S-SV-AC-030-2012
申请人（单位）：中国科学院武汉植物园

品种特性

果实圆柱形，果面褐色，密生短茸毛，不脱落。平均单果重 70~90g，最大单果重 100.5g。果肉深黄色，第 4 年进入盛果期。主要用于鲜食、制汁。

栽培技术要点

宜采用宽行窄株，密度以行株距（4~5）m×3m 为宜。架式宜采用“T”形棚架或大棚架，主干高 1.8m。整形以单主干双主蔓鱼骨树形，幼树夏季整形，冬季轻剪，而成年树冬季修剪为主，夏季为辅，在花期及时疏花疏果。重施基肥，以有机肥为主，配合磷钾肥，每株施 50kg 农家肥和 1~2kg 过磷酸钙。雌雄比（6~8）:1。

适宜种植范围

湖北、湖南、江西、四川等猕猴桃适生区。

1. 果实纵横剖面
2. 结果状

东红

树种：猕猴桃
类别：品种
通过类别：审定
学名：*Actinidia chinensis* 'Donghong'
编号：国 S-SV-AC-031-2012
申请人（单位）：中国科学院武汉植物园

品种特性

果实长圆柱形，果面绿褐色或黄绿色，稀生短茸毛，易脱落。平均单果重 65~75g，最大单果重 112g。果肉黄色红心，且红色艳丽，第 4 年进入盛产期。

栽培技术要点

宜采用宽行窄株，密度以行株距（4~5）m×3m 为宜。架式宜采用“T”形棚架或大棚架，主干高 1.8m。整形以单主干双主蔓鱼骨树形，幼树夏季整形，冬季轻剪，而成年树冬季修剪为主，夏季为辅，在花期及时疏花疏果。重施基肥，以有机肥为主，配合磷钾肥，每株施 50kg 农家肥和 2kg 过磷酸钙。雌雄比（6~8）:1。

适宜种植范围

湖北、湖南、江西、四川等猕猴桃适生区。

1. 结果状
2. 果实及纵横剖面
3. 果实

白丘杂

树种： 沙棘
类别： 无性系
通过类别： 审定
学名： *Hippohae rhamnoides* × *H. sinensis* 'Baiqiuza'
编号： 国 S-SC-HR-032-2012
申请人（单位）： 张建国

品种特性

灌木。株高可达 3.5~4.5m，树冠椭圆形。果实橘黄色，卵圆形或圆形。定植 3~4 年进入结果期，果实成熟期 8 月上旬；盛果期可达 8~10 年以上。平均单果重可达 0.4g。少刺，果柄长 2.0~3.5mm。

栽培技术要点

2 年生扦插苗造林，选用 8∶1 的方法配置，栽植时按“田字排列法”定植。适时中耕除草，中耕深度 4~5cm，每年 3~4 次，杂草高控制在 10cm 以内；土壤持水量保持在 60%~80%。

适宜种植范围

内蒙古、辽宁等沙棘栽培区。

1	3
2	4

1. 结果状
2. 果实
3. 父本——中国沙棘‘丰宁’结果状
4. 父本——中国沙棘‘丰宁’果实

棕丘

树种： 沙棘
类别： 无性系
通过类别： 审定
学名： *Hippohae rhamnoides* 'Zongqiu'
编号： 国 S-SC-HR-033-2012
申请人（单位）： 张建国

品种特性

灌木。树冠椭圆形。果实橘黄色，卵圆形或圆形。定植 3~4 年进入结果期，果实成熟期 8 月上旬；盛果期可达 8~10 年以上。少刺，果柄长 2~5mm，平均单果重 40g。

栽培技术要点

2 年生扦插苗造林。选用 8∶1 的方法配置，栽植时按“田字排列法”定植。适时中耕除草，中耕深度 4~5cm，每年 3~4 次，土壤持水量保持在 60%~80%。

适宜种植范围

内蒙古、辽宁等沙棘栽培区。

1	3
2	4

1. 果枝
2. 结果状
3. 果实
4. 区域试验

黑棘6号

树种： 沙棘
类别： 无性系
通过类别： 审定
学名： *Hippohae rhamnoides* 'Heiji 6'
编号： 国 S-SC-HR-034-2012
申请人（单位）： 张建国

品种特性

灌木。株高 2.5~3.0m，树冠椭圆形。果实橘黄色，卵圆形或圆形。定植 3~4 年进入结果期，果实成熟期 8 月上旬；盛果期可达 8~10 年以上。少刺或无刺，果柄长 2~3mm，平均单果重 60g。

栽培技术要点

选择 2 年生扦插苗，人工管理的地块可选择 1.5m×3m，如果选用机械管理的地块可选择 2m×4m。选用 8∶1 的方法配置，栽植时按"田字排列法"定植。适时中耕除草，中耕深度 4~5cm，每年 3~4 次，土壤持水量保持在 60%~80%。

适宜种植范围

内蒙古、辽宁、黑龙江、新疆等沙棘栽培区。

1. 果实
2. 结果状

辽阜 1 号

树种：沙棘
类别：无性系
通过类别：审定
学名：*Hippohae rhamnoides* 'Liaofu 1'
编号：国 S-SC-HR-035-2012
申请人（单位）：张建国

品种特性

灌木。树冠椭圆形。果实橘黄色，卵圆形。3~4 年进入结果期，果实成熟期 8 月上旬；盛果期可达 8~10 年以上。平均单果重 0.45~0.70g。

栽培技术要点

2 年生扦插苗造林，选用 8 : 1 的方法配置，栽植时按“田字排列法”定植。适时中耕除草，中耕深度 4~5cm，每年 3~4 次，土壤持水量保持在 60%~80%。

适宜种植范围

内蒙古、辽宁、黑龙江、新疆等沙棘栽培区。

1. 果实
2. 果枝
3. 结果状

岱丰

树种：核桃
类别：品种
通过类别：审定
学名：*Juglans regia* 'Daifeng'
编号：国 S-SV-JR-036-2012
申请人（单位）：山东省果树研究所

品种特性

树势较强。坚果长椭圆形，单果重 14~15g，壳面较光滑，壳厚 0.9~1.1mm。可取整仁，出仁率 55%~60%。可用于生食、榨油。

栽培技术要点

平原地区栽植密度 4m×5m 或 3m×6m，丘陵、山地栽植密度 3m×4m 或 3m×3m。树形为主干疏层形和自然开心形。冬季修剪为主。施肥时期一般为休眠期施基肥和生长季追肥。萌芽前、果实硬核期和冬季封冻前灌水。

适宜种植范围

山东、陕西、河北、陕西、湖北等核桃栽培区。

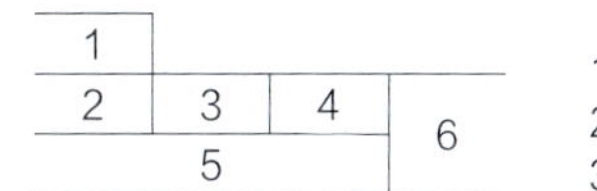

1. 结果树　4. 坚果
2. 雄花　5. 试验园
3. 雌花　6. 结果状

岱香

树种：核桃
类别：品种
通过类别：审定
学名：*Juglans regia* 'Daixiang'
编号：国 S-SV-JR-037-2012
申请人（单位）：山东省果树研究所

品种特性

树势强健。坚果圆形，单果重 13.0~15.6g，壳厚 0.9~1.2mm。可用于生食，榨油。

栽培技术要点

平原地区栽植密度 4m×5m 或 3m×6m，丘陵、山地栽植密度 3m×4m 或 4m×4m，树形为主干疏层形和自然开心形。冬季修剪为主，一般秋施基肥，生长季追肥，幼龄树株施有机肥 5~8kg，每年追肥 2~3 次，重点在花前和花芽分化期。前期以氮肥为主，后期施用氮、磷、钾复合肥。萌芽前、果实硬核期和冬季封冻前灌水。

适宜种植范围

山东、陕西、河北、陕西、湖北等核桃栽培区。

1. 结果状 2. 坚果 3. 结果树 4. 雄花 5. 雌花 6. 试验园

鲁核 1 号

树种：核桃
类别：品种
通过类别：审定
学名：*Juglans regia* 'Luhe 1'
编号：国 S-SV-JR-038-2012
申请人（单位）：山东省果树研究所

品种特性

树姿直立，3 年生幼树胸径年生长量 1.61cm。坚果圆锥形，单果重 13.2g，壳厚 1.1~1.2mm。可用于生食、榨油。

栽培技术要点

栽培株行距（4~5）m×（5~6）m。树形一般为主干疏层形和自然圆头形，5~7 个主枝，分层排列或单层排列。每年追肥 2~3 次，在花前和花芽分化期各施 1 次；盛果期树注意疏密去弱，疏除下垂枝，回缩复壮多年生结果母枝。萌芽前、果实硬核期和冬季封冻前灌水。

适宜种植范围

山东、陕西、河北、陕西、湖北等核桃栽培区。

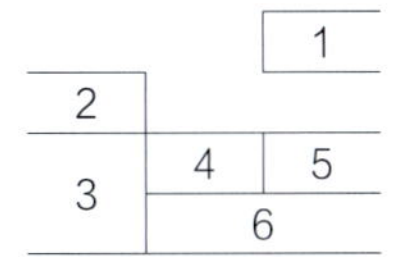

1. 坚果　4. 雄花
2. 结果状　5. 雌花
3. 结果树　6. 试验园

鲁果 2 号

树种： 核桃
类别： 品种
通过类别： 审定
学名： *Juglans regia* 'Luguo 2'
编号： 国 S-SV-JR-039-2012
申请人（单位）： 山东省果树研究所

品种特性

坚果圆柱形,单果重 14~16g;壳厚 0.9~1.1mm，易取整仁，出仁率 55%~60%。可用于生食、榨油。

栽培技术要点

平原地区栽植密度 4m×5m 或 3m×6m，山区按等高线 4~5m 株距定植，与授粉树配置比例为 8∶1。适宜树形为主干疏层形。冬季修剪为主。施肥一般为休眠期施基肥和生长季追肥。基肥一般在秋季落叶后或春季发芽前施用。萌芽前、果实硬核期和冬季封冻前灌水。

适宜种植范围

山东、陕西、河北、陕西、湖北等核桃栽培区。

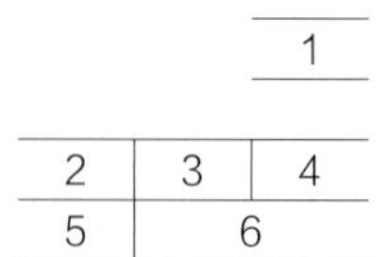

1. 坚果
2. 雄花
3. 雌花
4. 结果状
5. 结果树
6. 试验园

友谊

树种： 樱桃
类别： 品种
通过类别： 审定

学名： *Prunus avium* 'Youyi'
编号： 国 S-SV-PA-040-2012
申请人（单位）： 山东省果树研究所

品种特性

树势中庸。果实心形，平均单果重 10.78g；成熟时果实鲜红色，鲜亮有光泽，风味酸甜。鲜食或加工果汁、果酱、果脯等。

栽培技术要点

实行矮化宽行密植和行间生草模式，株行距（2~3）m×（4.5~5）m，授粉品种为'胜利'、'雷尼'、'先锋'、'拉宾斯'等。以纺锤形和澳赛丛枝形树形为宜。追肥在秋季、花前及采收后进行。

适宜种植范围

山东、辽宁、北京、河南、山西等地樱桃栽培区。

1	3
3	4
	5

1. 结果状
2. 丰产状
3. 4 年生结果树
4. 果实及种子
5. 开花状

早大果

树种： 樱桃
类别： 品种
通过类别： 审定
学名： *Prunus avium* 'Zaodaguo'
编号： 国 S-SV-PA-041-2012
申请人（单位）： 山东省果树研究所

品种特性

树体健壮。果实近圆形，成熟时果皮紫红色，平均单果重 9.80g，最大单果重 16.10g。早实，一般 3~4 年结果，5~6 年进入初盛果期，鲜食或加工果汁、果酱、果脯等。

栽培技术要点

实行矮化宽行密植和行间生草模式，适宜株行距（2~3）m×（4.5~5）m，授粉品种为'红灯'、'布鲁克斯'、'拉宾斯'、'萨米脱'等。以纺锤形和澳赛丛枝形树形为宜。追肥在秋季、花前及采收后进行。

适宜种植范围

山东、辽宁、北京、河南、山西等地樱桃栽培区。

1	2
3	4
5	6

1. 结果状
2. 花枝状
3. 果肉及种子
4. 丰产状
5. 成熟果（紫黑色）
6. 结果树（4 年生）

金美夏

树种：桃　　**学名：***Prunus persica* ‘Jinmeixia’
类别：品种　　**编号：**国 S-SV-PP-042-2012
通过类别：审定　　**申请人（单位）：**北京市农林科学院农业综合发展研究所

品种特性

树势较旺盛。果实近圆稍扁，平均单果重 202.1g，较大果重 283g。第 3 年进入盛果期。鲜食。

栽培技术要点

选择排水良好，土层深厚，光照充足的地块建园。露地栽种以 5m × 3m、6m × 4m 为宜。增施基肥，以有机肥为主，配合磷钾肥；追肥需氮、磷、钾配合。及时夏剪，以改善光照，增进果实着色，适量留果；冬季修剪宜采用长枝修剪技术，适量或留足预备枝。

适宜种植范围

北京、山东、山西桃栽培区。

1. 丰产状
2. 果实及果实剖面
3. 区试试验（山东莒县）
4. 单果
5. 对果

望春

树种：桃
类别：品种
通过类别：审定
学名：*Prunus persica* 'Wangchun'
编号：国 S-SV-PP-043-2012
申请人（单位）：北京市农林科学院农业综合发展研究所

品种特性

树势中等。果实近圆稍长，平均单果重191.3g。鲜食。

栽培技术要点

选择排水良好，土层深厚，光照充足的地块建园。露地栽种行株距以5m×3m、4m×3m为宜。增施基肥，以有机肥为主，配合磷钾肥；追肥需氮、磷、钾配合，最好于落花后追施果树专用肥。及时夏剪，以改善光照，增进果实着色；适量留果。冬季修剪宜采用长枝修剪技术，适量或留足预备枝。

适宜种植范围

北京、山东、山西桃栽培区。

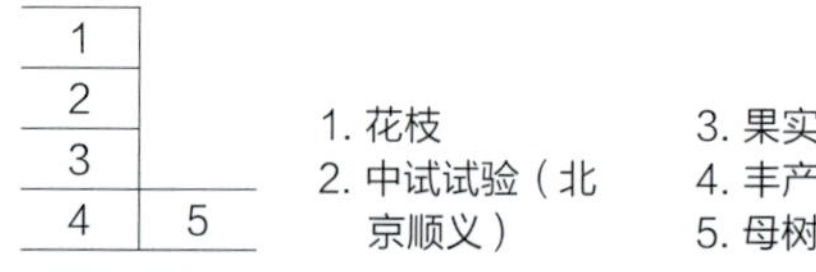

1. 花枝
2. 中试试验（北京顺义）
3. 果实
4. 丰产状
5. 母树

春美

树种： 桃
类别： 品种
通过类别： 审定
学名： *Prunus persica* 'Chunmei'
编号： 国 S-SV-PP-044-2012
申请人（单位）： 中国农业科学院郑州果树研究所

品种特性

树势中庸。果实椭圆形或圆形，果皮茸毛中等，底色绿白，大部分或全部果面着鲜红色或紫红色，平均单果重 165~188g。鲜食。

栽培技术要点

山区、丘陵或较瘠薄的土地可采用 4m × 3m 的株行距，按自然开心形整枝。肥沃土壤可适当稀植，分别按倒"人"字形和开心形整枝。盛果期后，每年 10 月重施基肥（4000kg/ 亩有机肥）；谢花后追施腐熟人粪尿或氮磷钾复合肥；硬核期后，每 10 天叶面喷施 1 次磷酸二氢钾；采果以后追施 1 次磷钾肥。

适宜种植范围

河南、河北、山东、四川、浙江桃栽培区。

1	2
3	4

1. 花
2. 果实
3. 丰产状
4. 结果状（3 年生）

春蜜

树种：桃	学名：*Prunus persica* 'Chunmi'
类别：品种	编号：国 S-SV-PP-045-2012
通过类别：审定	申请人（单位）：中国农业科学院郑州果树研究所

品种特性

树势中等偏旺。果实椭圆形或圆形，果皮茸毛中长，底色绿白，全部果面着鲜红色或紫红色，平均单果重 135~162g。鲜食。

栽培技术要点

山区、丘陵或较瘠薄的土地可采用 4m × 3m 的株行距，按自然开心形整枝。肥沃良田可适当稀植，采用 2m × 5m 或 3m × 5m 的株行距，分别按倒“人”字形和开心形整枝。盛果期后，每年 10 月重施基肥（4000kg/ 亩有机肥）；谢花后追施 1 次腐熟人粪尿或氮磷钾复合肥；硬核期以后，每 10 天叶面喷施 1 次磷酸二氢钾；采果以后再追施 1 次磷钾肥。要保证充足的水分供应。

适宜种植范围

河南、河北、四川、浙江桃栽培区。

1. 花
2. 果实
3. 丰产状

华美

树种： 苹果	**学名：** *Malus domestica* 'Huamei'
类别： 品种	**编号：** 国 S-SV-MD-046-2012
通过类别： 审定	**申请人（单位）：** 中国农业科学院郑州果树研究所

品种特性

树势强健。果实圆形，果形指数 0.84，平均单果重 195.2g，果面底色黄绿，全面着鲜艳红色，着色指数 80% 以上。幼树定植后第 3 年即可少量结果。鲜食。

栽培技术要点

在丘陵山区、平地和滩区均可栽培，山地栽培采用海棠砧，（3.0~4.0）m×（4~4.5）m 株行距定植，树形采用自由纺锤形；平原肥沃土地栽培易采用矮化中间砧或矮化自根砧苗木，（2~2.5）m×4.0m 株行距定植，细长纺锤形。建园时应配置授粉树，可混栽专用授粉品种。穴施足够的有机肥，进入结果期后秋施有机肥。

适宜种植范围

河南、河北、山东、陕西苹果栽培区。

1	4
2	
3	

1. 果及纵横剖面
2. 果实
3. 结果枝
4. 结果树（4 年生 M26/ 海棠中间砧）

九丰一号

树种：忍冬　　学名：*Lonicera japonica* 'Jiufeng 1'
类别：品种　　编号：国 S-SV-LJ-047-2012
通过类别：审定　　申请人（单位）：山东平邑县九间棚农业科技园有限公司

品种特性

四倍体品种。第4年进入丰产期。花蕾肥大，一般长4.9cm，最长达6.5cm。花绿原酸4.3%，木犀草苷0.09%。

栽培技术要点

平原、低洼地块可采取起垄或畦田方式种植；山区丘陵可根据地势，沿等高线起垄或挖鱼鳞坑穴盘栽植。春秋季节栽植最好。栽植时挖长、宽、深各30cm左右的穴坑，采用簇墩形的栽植模式，一般墩行距1m×1.5m。有机肥料为主，化学肥料为辅。早春萌芽前灌溉以及入冬前灌冻水。

适宜种植范围

北京、河北、山东、云南金银花栽培区。

1、2. 花和叶片
3. 种植基地
4. 母株

黑格斯曼地亚红豆杉

树种： 曼地亚红豆杉　**学名：** *Taxus media* 'Hicksii'
类别： 引种驯化品种　**编号：** 国 S-ETS-TM-048-2012
通过类别： 审定　**申请人（单位）：** 陕西天行健生物工程股份有限公司

品种特性

常绿针叶树种。雌雄异株；树冠卵形；枝条直立；叶片放射状排列，呈深绿橄榄色；侧根发达。全株紫杉醇含量达到0.06%~0.09%。可用于抗癌药物紫杉醇及其系列衍生物的提取原料。

栽培技术要点

选择苗龄2年以上苗木，在山坡地、陡坡地（坡度20°以上）山地适用于鱼鳞坑整地。缓坡地（坡度20°以下）、沟地及丘陵地，适合起垄整地。夏季环境温度不要长时间超过35℃，可以采取遮阳网遮阳，应定期浇水，保持土壤湿润。

适宜种植范围

陕西、辽宁、山东红豆杉栽培区。

1. 结果状
2. 树体
3. 盆栽
4. 果实与叶
5. 果实

2013年

林 木 良 种 名 录

atalog of improved varieties of forest trees

毅杨 1 号

树种： 杨树
类别： 品种
通过类别： 审定
学名： *Populus* × 'Yiyang 1'
编号： 国 S-SV-PY-001-2013
申请人（单位）： 冯秀兰

品种特性

毛新杨与截叶毛白杨杂交种，雄株。树干通直，树形开展，分枝角大于 45°。在山东宁阳县 7 年生试验林平均单株材积比对照'鲁毛 50'杨提高 52.7%。6 年生木材基本密度为 0.3177g/cm^3，纤维长度 1059.341μm，纤维长宽比 44.830，其木材化学组分中综纤维素和纤维素含量分别为 77.35% 和 49.14%。可作园林绿化品种和营造短周期纸浆原料林。

栽培技术要点

春季和秋末冬初造林，树穴规格 60cm × 60cm × 60cm。培育纸浆材常用株行距 2m × 3m、3m × 3m 和 3m × 4m。造林后立即浇透水，及时开展施肥、中耕锄草、整形修枝、病虫害防治等管理措施。

适宜种植范围

河北、山东等毛白杨适宜栽培区。

1	2	3	
4	5	6	7
8		9	

1. 花芽
2. 落叶后枝条和叶芽
3. 短枝叶片
4. 顶芽
5. 树皮（3 年生）
6. 叶痕（3 年生）
7. '毅杨 1 号'（上）与'鲁毛 50'杨（下）的长枝叶片
8. 6 年生试验林（山东冠县）
9. 3 年生'毅杨 1 号'（右侧 4 株）

毅杨 2 号

树种：杨树
类别：品种
通过类别：审定

学名：*Populus* × 'Yiyang 2'
编号：国 S-SV-PY-002-2013
申请人（单位）：冯秀兰

品种特性

毛新杨与截叶毛白杨杂交种，雌株。树干通直，树形开展，分枝角大于 45°。在山东宁阳县 7 年生试验林平均单株材积比对照‘鲁毛 50’杨提高 65.5%。6 年生木材基本密度 0.3248g/cm^3，纤维长度 1059.098μm，纤维长宽比 38.262，其化学组分中综纤维素和纤维素含量分别为 76.29% 和 49.52%。可用于营造短周期纸浆原料林。

栽培技术要点

春季和秋末冬初造林，树穴规格 60cm × 60cm × 60cm，造林后立即浇透水。培育纸浆材常用株行距 2m × 3m、3m × 3m 和 3m × 4m。造林后及时开展施肥、中耕锄草、整形修枝、病虫害防治等管理措施。

适宜种植范围

河北、山东等毛白杨适宜栽培区。

	1	2
	3	4
		5
6	7	8
	9	10

1. 短枝叶片
2. 顶芽
3. ‘毅杨 2 号’（上）与‘鲁毛 50’杨（下）的长枝叶片
4. 树干（6 年生）
5. 叶痕（3 年生）
6. 3 年生无性系试验林（左侧 4 株）
7. 皮孔分布及形状（6 年生）
8. 树皮（3 年生）
9. 花芽
10. 叶芽

毅杨 3 号

树种： 杨树
类别： 品种
通过类别： 审定
学名： *Populus* × 'Yiyang 3'
编号： 国 S-SV-PY-003-2013
申请人（单位）： 冯秀兰

品种特性

毛新杨与‘鲁毛 50’杨杂交种，雄株。树干通直，窄冠，分枝角小于 40°。在山东冠县 7 年生试验林平均单株材积比对照‘鲁毛 50’杨高 12.0%。木材基本密度 0.3259g/cm^3，纤维长度 872.895μm，纤维长宽比 37.742，其化学组分中综纤维素和纤维素含量分别为 75.81% 和 48.36%。可作园林绿化和营造短周期纸浆原料林。

栽培技术要点

春季和秋末冬初造林，树穴规格 60cm × 60cm × 60cm，造林后立即浇透水。培育纸浆材常用株行距 2m × 3m、3m × 3m 和 3m × 4m。造林后及时开展施肥、中耕锄草、整形修枝、病虫害防治等管理措施。

适宜种植范围

河北、山东等毛白杨适宜栽培区。

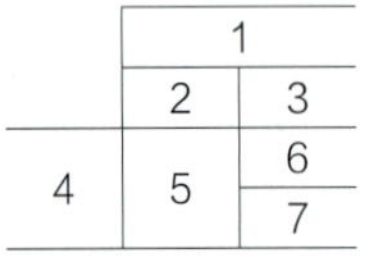

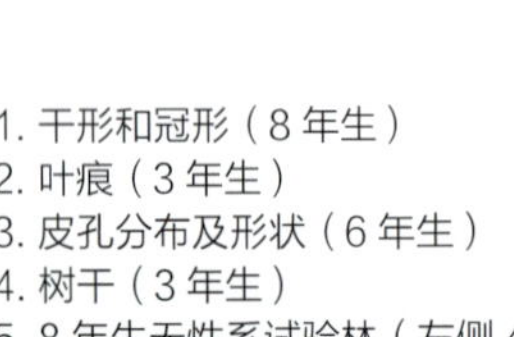

1. 干形和冠形（8 年生）
2. 叶痕（3 年生）
3. 皮孔分布及形状（6 年生）
4. 树干（3 年生）
5. 8 年生无性系试验林（左侧 4 株）
6. 长枝叶片
7. 短枝叶片

黄淮 3 号杨

树种： 杨树
类别： 品种
通过类别： 审定
学名： *Populus deltoides* 'Huanghuai 3'
编号： 国 S-SV-PD-004-2013
申请人（单位）： 苏晓华

品种特性

美洲黑杨种内杂交种，雌株。在河南焦作6年生平均树高17.58m，胸径平均生长量18cm，单株平均材积0.1651m^3，分别超过当地主栽品种'中林46'的15.73%、28.02%和75.53%。6年生木材基本密度0.4270g/cm^3，纤维长度888.0μm，纤维宽度21.97μm，综纤维素83.08%，木质素26.67%。可作纸浆材、胶合板材。

栽培技术要点

造林前浸泡2~3天。生长期每年冬季要及时修去竞争枝。培育纸浆材，造林密度以3m×4m为宜；培育大径材株行距5m×6m或6m×6m。育苗以培育种条供繁殖时，每亩4000~4500株；培育造林苗木时，则每亩不应高于3000株。

适宜种植范围

河南、安徽等美洲黑杨适宜栽培区。

1	2	3
4	5	6

1. 树皮
2. 苗木叶片
3. 幼茎
4. 片林
5. 大树叶片
6. 幼苗

创新杨

树种：杨树
类别：品种
通过类别：审定
学名：*Populus deltoides* 'Chuangxin'
编号：国 S-SV-PD-005-2013
申请人（单位）：胡建军

品种特性

美洲黑杨种内杂交种，雄株。北方型美洲黑杨，冠幅中等。12 年生基本密度 0.388g/cm^3，纤维长 1296.47μm，纤维宽 22.47μm；α-纤维素 44.493%，综纤维素 78.58%，木质素 17.96%，1%NaOH 抽提物 17.62%。可作纸浆材和胶合板材。

栽培技术要点

造林前造林苗木须浸泡 2 周以上，以提高其造林成活率，每年修去竞争枝，每年应中耕 1~2 次。纸浆材密度 4m × 3m，大径材密度 5m × 6m 或 6m × 6m。

适宜种植范围

北京、内蒙古、山西、河南等美洲黑杨适宜栽培区。

1	2	3
4	5	

1. 长枝叶片
2. 芽
3. 树皮
4. 4 年生树
5. 人工林（河北任丘，林龄 3 年）

上庄油松一代无性系种子园种子

树种：油松　　**学名：***Pinus tabulaeformis*

类别：种子园种子　　**编号：**国 S- CSO(1)-PT-006-2013

通过类别：审定　　**申请人（单位）：**吕梁山国有林管理局油松种子园

品种特性

种子平均千粒重 60g。在 21 年生造林试验中，上庄油松一代无性系种子园种子造林保存率比普通种子高 10% 左右，高生长为普通种子的 111%~128%，胸径为普通种子的 115%~133%。21 年生平均树高 8. 2m，平均胸径 15. 7cm，单株材积 0. 082m^3。可用于荒山造林，采集花粉和园林绿化等。

栽培技术要点

立地条件较好时，用 2 年生裸根壮苗或 3 年生带母土苗造林，纯林密度 110 株 / 亩。困难立地造林时，用容器苗造林，造林 3 年内注意割灌、除草等抚育管理。

适宜种植范围

山西、陕西、内蒙古、甘肃等地海拔 800~1800m 的山地、丘陵区。

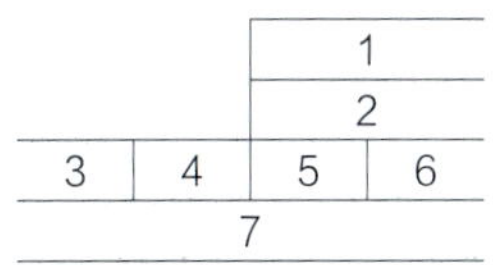

1. 母树与母树结实
2. 营养钵苗
3. 雌花
4. 雄花
5. 球果
6. 种子
7. 良种基地（山西上庄）

金禾女贞

树种：小蜡　　**学名：***Ligustrum sinense* 'Jinhe'
类别：品种　　**编号：**国 S- SV-LS-007-2013
通过类别：审定　　**申请人（单位）：**郑勇平

品种特性

常绿，多枝丛生灌木或小乔木，高 2~3m。春、秋、冬季节叶色呈柠檬黄，夏季翠绿色。圆锥花序长 4~10cm；花白色，芳香。花期 5~7 月。可作道路、高速公路的隔离带、公园等观赏绿化品种。

栽培技术要点

容器苗除 7~8 月高温干旱季节之外，其他时间都可移栽；穴盘苗或网袋苗移栽时间为 9 月中旬至翌年 5 月中旬。定植后加强水肥管理，松土除草。

适宜种植范围

浙江、重庆、福建等地。

1	2
3	4

1. 幼芽
2. 叶片
3. 地栽锥形苗远景（重庆基地生产区）
4. 花

华仲 10 号

树种：杜仲
类别：品种
通过类别：审定
学名：*Eucommia ulmoides* 'Huazhong 10'
编号：国 S-SV-EU-008-2013
申请人（单位）：中国林业科学研究院经济林研究开发中心

品种特性

树皮浅纵裂型，7 年生胸径 8.38cm，树皮厚 0.31cm。树皮含胶率 9.66%，树皮杜仲橡胶密度 15.79mg/cm^3。果实椭圆形，9 月中旬至 10 月中旬成熟，果形指数 2.97。果实含胶率 12.10%，种仁粗脂肪 25%~29%，α - 亚麻酸 67.6%。用于中药产业。

栽培技术要点

需要配置授粉树，其适宜的授粉品种是‘华仲 1 号’杜仲和‘华仲 5 号’杜仲，授粉品种的比例 5%~10%。栽植密度 4m×4m 或 2m×3m，每亩 42~110 株。自然开心形和两层疏散开心形修剪，环剥、环割前 1 周浇透水，适宜的环剥时间为 5 月下旬至 6 月下旬。

适宜种植范围

河南、湖北等杜仲栽培区。

		1
2	3	4
5	6	

1. 种仁　2. 花　3. 结果枝　4. 果实　5. 丰产树形　6. 试验林

爱神玫瑰

树种：葡萄
类别：品种
通过类别：审定
学名：*Vitis vinifera* 'Aishenmeigui'
编号：国 S- SV-VV-009-2013
申请人（单位）：北京市农林科学院林业果树研究所

品种特性

果穗圆锥形带副穗，平均穗长 14.6cm，平均穗重 220.3g；果粒椭圆形，紫红色或紫黑色，平均单株产量 6.4kg，平均单粒重 2.3g，最大单粒重 3.5g；果肉中等脆，味酸甜，有玫瑰香味；种子不发育。可溶性固形物 17%~19%，可滴定酸 0.71%。在北京地区 7 月 26~28 日浆果成熟。鲜食。

栽培技术要点

篱架栽培时，大树成形后，及时间伐，冬剪以中长梢修剪为宜，花前轻摘心，同时去除卷须和副梢。在温室栽培时，新梢与主蔓之间的角度 90° 左右，每个枝条留 1~2 个花穗，注意适时采收，过晚会引起落粒。果实着色期到成熟期少量多次喷施钾肥。

适宜种植范围

北京、黑龙江、安徽、甘肃等葡萄适宜栽培区。

1、2. 果穗
3. 母本树
4. 结果状
5. 区域试验（北京顺义）

1	
2	3
4	5

鲁枣 9 号

树种： 枣
类别： 品种
通过类别： 审定
学名： *Ziziphus jujuba* 'Luzao 9'
编号： 国 S-SV-ZJ-010-2013
申请人（单位）： 山东省果树研究所

品种特性

树势较强。果实平顶锥形，平均单果重 12.4g，最大单果重 14.7g；果皮鲜红色。鲜枣可溶性固形物 34%，可食率 93.0%，维生素 C 293mg/100g。在山东泰安，9 月上中旬成熟。2010—2012 年 3 年的平均亩产分别为 382.6kg、448.1kg 和 496.3kg。制干、鲜食兼用。

栽培技术要点

选根颈直径 0.8cm、苗高 80cm 根系良好的优质苗木栽植。平原株行距（2~3）m×（3~4）m，山区按等高线 1.5m 株距定植。适宜树形自然圆头形或主干疏层形。修剪以生长季为主，无须环剥和配置授粉树。初花期新梢摘心，盛花初期喷施 10mg/L 赤霉素，促进坐果；其他管理按常规进行。

适宜种植范围

山东、河北、山西、新疆等枣适宜栽培区。

1			
2	3	4	5
6		7	

1. 结果状
2. 枣股
3. 叶与花
4. 鲜果
5. 干果
6. 母树
7. 试验林

鲁枣 12 号

树种：枣
类别：品种
通过类别：审定
学名：*Ziziphus jujuba* 'Luzao 12'
编号：国 S-SV-ZJ-011-2013
申请人（单位）：山东省果树研究所

品种特性

果实倒卵形，两端齐平，平均单果重 17.4g，最大单果重 20.6g。可溶性固形物 36.5%，维生素 C 249mg/100g，出干率 62.8%。在山东泰安果实成熟期 9 月上中旬，2010—2012 年 3 年的平均亩产分别为 300.5kg、319.6kg 和 433.1kg。制干。

栽培技术要点

选根颈直径 0.8cm、苗高 80cm 根系良好的优质苗木栽植。平原株行距（2~3）m×（3~4）m，山区按等高线 1.5m 株距定植。适宜树形自然圆头形或主干疏层形。修剪以生长季为主，无须环剥和配置授粉树。初花期新梢摘心，盛花初期喷施 10mg/L 赤霉素，促进坐果；其他管理按常规进行。

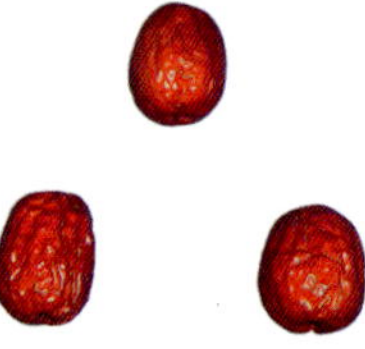

适宜种植范围

山东、河北、山西、新疆等枣适宜栽培区。

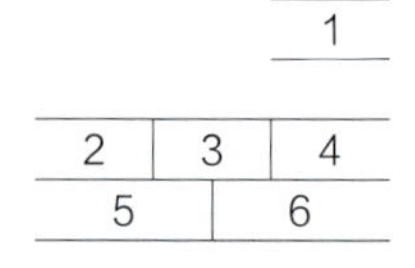

1. 干枣　2. 结果状　3. 结果枝组　4. 花与叶　5. 母树　6. 试验林

鲁枣 14 号

树种： 枣
类别： 品种
通过类别： 审定
学名： *Ziziphus jujuba* 'Luzao 14'
编号： 国 S-SV-ZJ-012-2013
申请人（单位）： 山东省果树研究所

品种特性

果实短卵圆形，平均单果重 5.2g，最大单果重 5.6g，果实大小均匀；果皮橙红色。味酸甜，鲜枣可溶性固形物 33.2%，维生素 C 763mg/100g，总酸 2.14%。在山东泰安果实 9 月中旬完熟，2010—2012 年 3 年的平均亩产分别为 412.9kg、478.6kg 和 533.9kg。鲜食。

栽培技术要点

选根颈直径 0.8cm、苗高 80cm 根系良好的优质苗木栽植。平原株行距（2~3）m×（3~4）m，山区按等高线 1.5m 株距定植。适宜树形开心形或小冠疏层形。修剪以生长季为主，无须环剥和配置授粉树。初花期新梢摘心，盛花初期喷施 10mg/L 赤霉素，促进坐果；其他管理按常规进行。

适宜种植范围

山东、河北、山西、新疆等枣适宜栽培区。

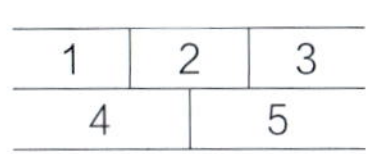

1. 果实
2. 花与叶
3. 结果状
4. 试验林
5. 母树

七月鲜

树种：枣	学名：*Ziziphus jujuba* 'Qiyuexian'
类别：品种	编号：国 S-SV-ZJ-013-2013
通过类别：审定	申请人（单位）：西北农林科技大学

品种特性

果实长圆形，深红色，果个大，鲜枣平均单果重 28.3g，可溶性固形物 29.8%，可食率 97.2%，总糖 65.4%，总酸 0.860%。新疆 9 月下旬成熟，4 年生树鲜枣亩产 1713kg。鲜食、制干兼用。

栽培技术要点

选日照充足，土层深厚的地方，按株行距 2m×3m 或 1m×3m 定植，一般每亩定植 110 株或 220 株。秋栽宜在落叶后封冻前进行，春栽在解冻后发芽前进行。高密度园适宜树形为细长纺锤形，低密度园适宜树形为矮冠疏层形。

适宜种植范围

陕西、新疆等枣适宜栽培区。

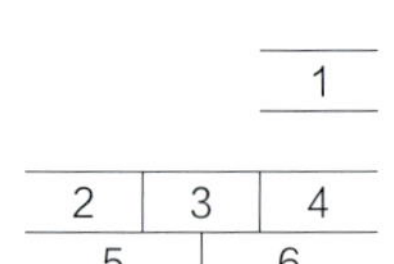

1. 果实（陕北榆林清涧）
2. 果实完熟期（新疆温宿县）
3. ‘七月鲜’干枣果实与‘骏枣’、‘灰枣’和‘金昌 1 号’对比
4. 幼果期
5. 4 年生结果状（陕西清涧县）
6. 3 年生结果状（新疆喀什泽普县）

金谷大枣

树种：枣
类别：品种
通过类别：审定
学名：*Ziziphus jujuba* 'Jingudazao'
编号：国 S-SV-ZJ-014-2013
申请人（单位）：李登科

品种特性

树体中等大，树姿半开张。果形为长圆柱形，深红色，平均单果重 24.10g。鲜枣可溶性固形物 36.80%，总糖 29.68%，总酸 0.63%，维生素 C 361.88mg/100g，可食率 97.7%。制干率 54.6%，山西太谷地区 9 月下旬果实完全成熟。5 年后进入盛果期，平均亩产 1523.6kg。鲜食、制干兼用。

栽培技术要点

选择土层肥厚、有机质含量高的砂壤土栽植。适宜于中度密植或计划密植栽培，株行距（2.0~3.0）m×（3.0~4.0）m，密植株距为 1.5m。适宜树形为小冠疏层形或主干疏层形，树高控制在 2.5~3.0m，干高 60~80cm。幼龄枝结果能力较强，为实现其连年丰产稳产，一般 3~4 年生的初果期树亩产应控制在 300~350kg，5 年后进入盛果期不应超过 1600kg。

适宜种植范围

陕西、甘肃、新疆等枣适宜栽培区。

1		
2	3	4
5	6	

1. 结果状
2. 果实剖面
3. 果实
4. 树形
5. 2 年生高接树
6. 4 年生定植园

金昌 1 号

树种： 枣
类别： 品种
通过类别： 审定
学名： *Ziziphus jujuba* 'Jinchang 1'
编号： 国 S-SV-ZJ-015-2013
申请人（单位）： 李捷

品种特性

树体中等大小，树冠半圆形。果实呈短柱形，平均单果重 30.2g，最大单果重 78g。山西太谷地区 9 月下旬为完熟期。鲜枣可食率达 98.6%，可溶性固形物 36.8%，总糖 28.78%，总酸 0.74%，维生素 C 390.8mg/100g。干枣含糖量 68.3%，制干率 58.3%。鲜食、制干兼用。

栽培技术要点

栽植时期一般为 3 月中旬至 4 月中旬，栽植密度（2~3）m×（3~4）m。全年追肥 3 次，树形以纺锤形为宜。冬剪主要培养主枝，花期喷洒植物生长调节剂等方法促进枣树坐果。需控制产量，合理负载。

适宜种植范围

陕西、甘肃、新疆等枣适宜栽培区。

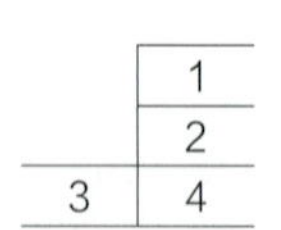

1. 果实
2. 母树
3. 种植当年丰产状（新疆戈壁滩）
4. 区域试验基地（甘肃白银市）

秋蜜红

树种： 桃
类别： 品种
通过类别： 审定
学名： *Prunus persica* 'Qiumihong'
编号： 国 S- SV-PP-016-2013
申请人（单位）： 河南农业大学

品种特性

树姿半开张，长势中庸。果实圆形，顶端有很小的突起，平均单果重 332g，最大单果重 438g。郑州地区 9 月 16 日果实成熟。可溶性固形物 16.3%~20.3%，总糖 13.6%~14.3 %，总酸 0.43%~2.18%，维生素 C 16.3mg/100g。鲜食。

栽培技术要点

在山区、丘陵或瘠薄的土地可采用株行距 2m×5m 或 3m×4m，平原肥沃的土地适宜采用株行距 2m×5m、4m×5m 或 3m×5m，分别按“Y”字形和开心形整枝；重视夏季修剪，冬剪宜轻。注重疏花疏果，盛果期亩产应控制在 2500kg 以内，丰产期后应注意增施有机肥，推荐进行套袋栽培，果实发育后期注意防治桃小食心虫、桃蛀螟。

适宜种植范围

河南、山东、甘肃等桃适宜栽培区。

1	2	3
4		5
6		7

1. 果实
2. 套袋果实
3. 花
4. 结果状
5. 干形
6. 母树（河南农业大学桃试验站）
7. 试验林（河南舞阳）

晚蜜

树种：桃
类别：品种
通过类别：审定
学名：*Prunus persica* 'Wanmi'
编号：国 S- SV-PP-017-2013
申请人（单位）：北京市农林科学院林业果树研究所

品种特性

树姿半开张。果实近圆形，果顶圆，微凸，平均单果重 230g，最大单果重 350g。北京地区果实 9 月底至 10 月初成熟，果皮底色淡绿至黄白色，果面 1/2 以上着紫红色晕。可溶性固形物 12%~16%。总糖 9.14%，总酸 0.2%，维生素 C 5.47mg/100g。粘核。鲜食。

栽培技术要点

自然开心形整枝可采用株行距（3~4）m×（5~6）m 进行定植，“Y”形整枝采用株行距（2~3）m×（5~6）m 进行定植。采收后立即施基肥，花后 1 个月（硬核开始）进行追肥，以施氮为主，三元素配合使用，或施用氮、磷复合肥，采收前 20~30 天，以速效性钾肥为主。严格疏果，适时采收。

适宜种植范围

北京、河北、山东等桃适宜栽培区。

1. 结果状
2. 原株
3. 果实
4. 区域试验基地

瑞光 28 号

树种： 桃
类别： 品种
通过类别： 审定
学名： *Prunus persica* 'Ruiguang 28'
编号： 国 S- SV-PP-018-2013
申请人（单位）： 北京市农林科学院林业果树研究所

品种特性

树姿半开张。果实近圆形至短椭圆形，平均单果重 260g，最大单果重 650g。北京地区 7 月下旬果实成熟，皮底色为黄色，果面 80% 以上着紫红色晕。可溶性固形物 12%，可溶性糖 9.25%，可滴定酸 0.24%，维生素 C 24.69mg/100g，粘核。鲜食。

栽培技术要点

自然开心形整枝可采用株行距（3~4）m×（5~6）m 进行定植，“Y”形整枝采用株行距（2~3）m×（5~6）m 进行定植。加强施肥管理，该品种雌蕊明显高于雄蕊，建议配置授粉树，产量每亩控制在 2000kg 左右。推荐果实套袋栽培，重视夏季修剪，注意适时分批采收。

适宜种植范围

北京、河北、山东等桃适宜栽培区。

1	2
	3
	4

1. 原株
2. 结果状
3. 果实
4. 区域试验基地

清香

树种：核桃
类别：品种
通过类别：审定
学名：*Juglans regia* 'Qingxiang'
编号：国 S-SV-JR-019-2013
申请人（单位）：河北农业大学

品种特性

树体中等大小，树姿半开张。8 年生树高 3.9m，果实长椭圆形，平均单果重 14.6g，出仁率 52%~53%。种仁含蛋白质 15.9%。粗脂肪 69.9%。碳水化合物 9.8%，维生素 B_1 0.5mg/100g，维生素 B_2 0.08mg/100g，8 年生平均亩产 144.7kg。生食或作为育种材料。

栽培技术要点

选择背风向阳的丘陵缓坡地、平地或排水良好的沟坪地，挖 1m×1m×1m 的栽植穴，并施入基肥，需要配置授粉树，如'礼品 2 号'、'绿波'、'辽宁 5 号'、'中林 5 号'等。一般可采用 4m×6m 的株行距，树形应根据分枝情况采用主干分层形或自由纺锤形，注意水肥管理。

适宜种植范围

河北、河南、山东等核桃适宜栽培区。

1	2
3	5
4	

1. 核桃园
2. 树体
3. 坚果及种仁
4. 结果状
5. 4 年生核桃园

红栗 2 号

树种：板栗	学名：*Castanea mollissima* 'Hongli'
类别：品种	编号：国 S-SV-CM-020-2013
通过类别：审定	申请人（单位）：山东省果树研究所

品种特性

树冠高圆头形，多年生枝深褐色，1 年生枝紫红色。坚果椭圆形，红褐色，出实率 50.8%，平均单粒重 10.3g，含水率 51.1%，淀粉 61.4%，可溶性总糖 28.4%，脂肪 1.8%。山东泰安地区 9 月中下旬成熟，5 年后平均亩产 320kg 以上。炒食。

栽培技术要点

丘陵山地栽植密度以 3m×3m 或 3m×4m 为宜；平原与河滩地以 3m×5m 或 4m×5m 为宜。授粉品种可采用‘石丰’、‘黄棚’、‘泰安薄壳’等中晚熟品种。树形采用自然开心形和延迟开心形。每年施基肥 1 次，追肥 2 次，秋施基肥 4000kg/ 亩，新梢速长期以追施氮肥为主，果实膨大期追施磷、钾肥。5~7 月注意及时预防红蜘蛛危害。

适宜种植范围

河北南部、山东、湖南等板栗适宜栽培区。

1. 枝条、叶片
2. 雄花、雌花
3. 结果枝组
4. 坚果与果苞
5. 母树
6. 嫁接 3 年结果状
7. 试验林

岱岳早丰

树种：板栗
类别：品种
通过类别：审定

学名：*Castanea mollissima* 'Daiyuezaofeng'
编号：国 S-SV-CM-021-2013
申请人（单位）：山东省果树研究所

品种特性

树冠圆头形，树姿开张。坚果椭圆形，红褐色；果肉黄色。单粒重 10g 以上，平均含水量 51.5%，干样含淀粉 55.0%，可溶性总糖 28.9%，脂肪 2.5%，蛋白质 10.2%。山东泰安 8 月下旬成熟，盛果期亩产可达 240kg 以上。炒食为主，也可加工制作其他板栗产品。

栽培技术要点

丘陵山区株行距以 3m × 4m 或 2m × 4m 为宜，平原地区以 3m × 5m 或 4 × 5m 为宜。树形宜采用自然开心形。每年在萌芽前、开花前后和果实膨大期追肥 3 次，施肥后视墒情及时灌水。

适宜种植范围

河北南部、山东、湖南等板栗适宜栽培区。

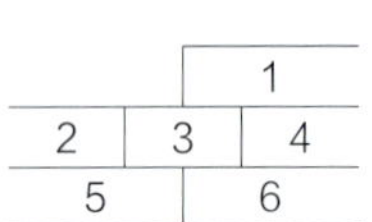

1. 试验林
2. 坚果与果苞
3. 花、枝
4. 大树结果枝组
5. 母树
6. 6 年生砧木改接第 3 年结果状

东岳早丰

树种：板栗
类别：品种
通过类别：审定
学名：*Castanea mollissima* 'Dongyuezaofeng'
编号：国 S-SV-CM-022-2013
申请人（单位）：山东省果树研究所

品种特性

树姿直立，树势开张。坚果椭圆形，红棕色，平均单粒重 11.5g；果肉黄色。含水量 47.5%，淀粉 53.1%，糖 30.9%，脂肪 2.5%，蛋白质 10.1%。山东泰安地区 8 月底至 9 月初成熟，5 年后每亩产量稳定在 320kg 以上。炒食为主，也可加工制作其他板栗产品。

栽培技术要点

丘陵山地栽植密度以 3m×3m 或 3m×4m 为宜；肥水条件好、土层深厚的平原与河滩地，以 3m×5m 或 4m×5m 为宜。授粉品种可采用'泰栗 1 号'、'早丰'、'鲁岳早丰'、'黄棚'等早、中熟品种。树形以自然开心形为主，每年施基肥 1 次，追肥 2 次，秋施基肥 4000kg/ 亩，春季新梢生长期追施氮肥，7~8 月果实膨大期追施磷、钾肥。

适宜种植范围

河北南部、山东、湖南等板栗适宜栽培区。

<table>
<tr><td>1</td><td>2</td><td>3</td></tr>
<tr><td rowspan="2">4</td><td>5</td><td>6</td></tr>
<tr><td colspan="2">7</td></tr>
</table>

1. 坚果与果苞
2. 成熟裂开状
3. 花枝
4. 母树
5. 结果枝组
6. 大树高接第 2 年结果状
7. 试验林

楚伊

树种： 沙棘
类别： 无性系
通过类别： 审定
学名： *Hippophae rhamnoides* 'Chuyi'
编号： 国 S-SC-HR-023-2013
申请人（单位）： 张建国

品种特性

灌木，树冠开张，棘刺较少。果实成熟期 8 月上旬，圆柱形，橙色，果柄长 2~3mm。平均单果重 0.6g，盛果期平均单株产量 3kg，种子千粒重 14~18g，种子产量 160kg/hm^2。果实维生素 C 96.3mg/100g，水解总黄酮 10.9mg/100g；种子维生素 E 9.8mg/100g，水解总黄酮 144.9mg/100g，不饱和脂肪酸 80.9%。生态、经济兼用树种。

栽培技术要点

选择 2 年生扦插苗，人工管理的地块可选择 2m × 3m，如果选用机械管理的地块可选择 2m × 5m。雌雄按 8∶1 配置，栽植时按“田字排列法”定植。适时中耕除草，中耕深度 4~5cm，每年 3~4 次，杂草控制在 10cm 以内；土壤持水量保持在 60%~80%。

适宜种植范围

内蒙古、黑龙江、新疆等沙棘适宜栽培区。

1	3
2	

1. 种子
2. 结果枝
3. 结果状

浑金

树种： 沙棘
类别： 无性系
通过类别： 审定
学名： *Hippophae rhamnoides* 'Hunjin'
编号： 国 S-SC-HR-024-2013
申请人（单位）： 张建国

品种特性

灌木，树冠开张，棘刺较少。果实成熟期 8 月下旬，卵圆形，橙黄色，果柄长 3~4mm。平均单果重 0.4g，盛果期平均单株产量 2kg，种子千粒重 12~15g，种子产量 150kg/hm^2。果实维生素 C 95.48mg/100g，水解总黄酮 16.64mg/100g；种子维生素 E 8.74mg/100g，水解总黄酮 223.38mg/100g，不饱和脂肪酸 75%。生态、经济兼用树种。

栽培技术要点

选择 2 年生扦插苗，人工管理的地块可选择 2m × 3m，如果选用机械管理的地块可选择 2m × 5m。雌雄按 8∶1 配置，栽植时按“田字排列法”定植。适时中耕除草，中耕深度 4~5cm，每年 3~4 次，杂草控制在 10cm 以内；土壤持水量保持在 60%~80%。

适宜种植范围

内蒙古、黑龙江、新疆等沙棘适宜栽培区。

1. 结果状
2. 种子
3. 结果枝

橙色

树种：沙棘
类别：无性系
通过类别：审定
学名：*Hippophae rhamnoides* 'Chengse'
编号：国 S-SC-HR-025-2013
申请人（单位）：张建国

品种特性

灌木，树冠开张，棘刺较少。果实成熟期9月上旬，卵圆形，橙红色，果柄长8~10mm。平均单果重0.45g，盛果期平均单株产量3kg，种子千粒重17g，种子产量150kg/hm^2。果实维生素C 177.04mg/100g，水解总黄酮3.6mg/100g；种子维生素E 11.94mg/100g，水解总黄酮165.35mg/100g，不饱和脂肪酸50%。生态、经济兼用树种。

栽培技术要点

选择2年生扦插苗，人工管理的地块可选择2m×3m，如果选用机械管理的地块可选择2m×5m。雌雄按8∶1配置，栽植时按"田字排列法"定植。适时中耕除草，中耕深度4~5cm，每年3~4次，杂草控制在10cm以内；土壤持水量保持在60%~80%。

适宜种植范围

内蒙古、黑龙江、新疆等沙棘适宜栽培区。

1	3
2	

1. 种子
2. 结果枝
3. 结果状

强桑 1 号

树种： 桑树
类别： 品种
通过类别： 审定
学名： *Morus multicaulis* 'Qiangsang 1'
编号： 国 S-SV-MM-026-2013
申请人（单位）： 浙江省农业科学院蚕桑研究所

品种特性

鲁桑系 (*Morus multicaulis* L.)，二倍体。树形直立，树冠紧凑。叶长心形，叶色深绿色，$100cm^2$ 叶重 3.9g。在杭州栽培，叶片成熟期 4 月 28 日至 5 月 2 日。每米条产叶量春季为 151g，秋季为 138g，属中生中熟品种。桑产叶量 $35.58t/hm^2$，万蚕收茧量比'湖桑 32 号'提高 6.5%。主要用于养蚕。

栽培技术要点

每亩栽植 800~1000 株。种植定干后，宜进行连续 2 年春伐，需要充足的肥水，每年春节前开展整枝、修拳、剪梢等管理工作，加强对桑蛀虫的防治，在桑疫病发生严重地区慎栽。

适宜种植范围

山东、安徽、浙江、陕西等桑树适宜栽培区。

1		
2	3	4

1. 全株（第 3 年）
2. 大面积生长情况
3. 枝条
4. 芽

强桑 2 号

树种：桑树　**学名**：*Morus multicaulis* 'Qiangsang 2'
类别：品种　**编号**：国 S-SV-MM-027-2013
通过类别：审定　**申请人（单位）**：浙江省农业科学院蚕桑研究所

品种特性

鲁桑系 (*Morus multicaulis* L.)，四倍体。树形矮壮开展。叶阔心形，正绿色，单叶重 9g，100cm^2 叶重 2.468g，每米条产叶量约 241.7g，属中生中熟品种。桑产叶量 29.93t/hm^2，万蚕收茧量比'荷叶白'提高 4.49%。主要用于养蚕。

栽培技术要点

每亩栽植 800~1000 株。种植定干后，宜进行连续 2 年春伐，需要充足的肥水，每年春节前开展整枝、修拳、剪梢等管理工作，加强对桑蛀虫的防治，在桑疫病发生严重地区慎栽。

适宜种植范围

山东、安徽、浙江、陕西等桑树适宜栽培区。

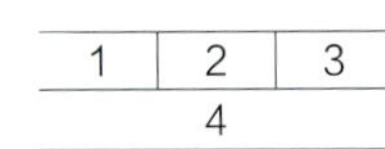

1. 群体
2. 芽
3. 枝条
4. 大面积生长情况

林木良种名录
Catalog of improved varieties of forest trees
2014
年

洛楸 1 号

树种：楸树
类别：品种
通过类别：审定

学名：*Catalpa bungei* 'Luoqiu 1'
编号：国 S-SV-CB-001-2014
申请人（单位）：中国林业科学研究院林业研究所

品种特性

在河南洛阳造林 1 年生树高和地径分别为 4.07m 和 4.46cm；8 年生树高 10.3m，胸径 12.45cm，材积为 0.231m^3，木材基本密度和气干密度分别为 0.33g/cm^3 和 0.34g/cm^3，纤维长度 670.84μm。可用于制作家具、贴面板材、装饰材等。

栽培技术要点

栽植穴方形或圆形，穴径 50~60cm，深 50cm，一般 3~4 月上旬栽植，栽后在距接口以上 4~5cm 处平茬封蜡，幼龄期抹除弱芽，第 2 年萌动前截干，第 3 年开始修枝，每年适当浇水施肥。

适宜种植范围

河南、甘肃、湖北等楸树适宜栽培区。

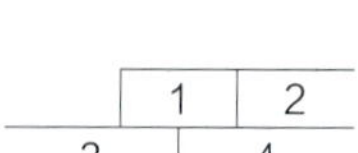

1. 叶片
2. 树皮
3. 6 年生无性系试验林
4. 7 年生单株

洛楸 2 号

树种： 楸树
类别： 品种
通过类别： 审定
学名： *Catalpa bungei* 'Luoqiu 2'
编号： 国 S-SV-CB-002-2014
申请人（单位）： 中国林业科学研究院林业研究所

品种特性

在河南洛阳造林 1 年生树高和地径分别为 3.78m 和 5.03cm；8 年生树高 9.5m，胸径 13.29cm，材积为 0.235m^3，木材基本密度和气干密度分别为 0.399g/cm^3 和 0.481g/cm^3。可用于制作家具、贴面板材、装饰材等。

栽培技术要点

植树穴呈方形或圆形，穴径 50~60cm，深 50cm，一般为 3~4 月上旬栽植，栽后在距接口以上 4~5cm 处平茬封蜡，幼龄期抹除弱芽，第 2 年萌动前截干，第 3 年开始修枝，每年适当浇水施肥。

适宜种植范围

河南、甘肃、湖北等楸树适宜栽培区。

1. 树皮
2. 叶片
3. 6 年生无性系试验林
4. 7 年生单株

1	2
3	4

青山 1 号

树种：落叶松

类别：家系

通过类别：审定

学名：*Larix kaempferi* × *L. gmelinii* 'Qingshan 1'

编号：国 S-SF-LK-003-2014

申请人（单位）：东北林业大学

品种特性

日本落叶松与兴安落叶松杂交种。树干通直，塔形。8 年生树高 4.12m，胸径 4.05cm，纤维素 79.5%，晚材微纤丝角 17.22°，晚材壁腔比 0.56。可作为用材林、生态防护林品种。

栽培技术要点

春季造林适宜用 2 年生苗，密度为 3300 株 /hm^2，造林地宜选择排水良好的缓坡、土层厚 50cm 以上的暗棕壤，穴面直径 60cm、底径 40cm、深 25cm，整地应在造林前一年秋季或现整地现造林。

适宜种植范围

黑龙江、吉林、辽宁等落叶松适宜栽培区。

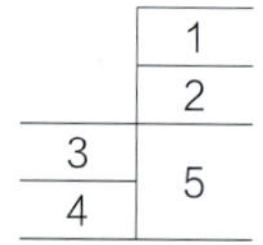

1. 干形及分枝角
2. 种子园
3. 针叶
4. 树皮
5. 幼龄林

青山 2 号

树种：落叶松
类别：家系
通过类别：审定
学名：*Larix kaempferi* × *L. gmelinii* 'Qingshan 2'
编号：国 S-SF-LK-004-2014
申请人（单位）：东北林业大学

品种特性

日本落叶松与兴安落叶松杂交种。树干通直，塔形。8 年生树高 4.00m，胸径 3.83cm，木材基本密度 0.433g/cm^3，纤维素 66.9%，晚材微纤丝角 17.9°，晚材壁腔比 0.52。可作为用材林、生态防护林品种。

栽培技术要点

春季造林适宜用 2 年生苗，密度为 3300 株 /hm^2，造林地宜选择排水良好的缓坡、土层厚 50cm 以上的暗棕壤，穴面直径 60cm、底径 40cm、深 25cm，整地应在造林前一年秋季或现整地现造林。

适宜种植范围

黑龙江、吉林、辽宁等落叶松适宜栽培区。

1	2	3
4		5

1. 幼龄生长与分枝角
2. 树皮
3. 针叶
4. 种子园
5. 干形

水曲柳“五常”种源

树种：水曲柳
类别：种源
通过类别：审定
学名：*Fraxinus mandshurica*
编号：国 S-SP-FM-005-2014
申请人（单位）：东北林业大学

品种特性

树干通直，顶端优势明显。在黑龙江帽儿山试验区 14 年生树高 7.62m，胸径 6.79cm，材积 $0.016m^3$。可作为用材林品种。

栽培技术要点

造林前一年冬季对林地进行彻底清理，穴状整地，规格 60cm×60cm×60cm，株行距 1.5m×2m。第 2 年 5 月上旬栽植，造林前三年按 3 – 2 – 1（次）进行抚育管理。

适宜种植范围

黑龙江、吉林、辽宁等水曲柳适宜栽培区。

1. 果穗
2. 复叶
3. 雄花枝
4. 雌花枝
5. 种子
6. 树皮
7. 林分

北林雄株 1 号

树种： 杨树	**学名：** *Populus* 'Beilinxiongzhu 1'
类别： 无性系	**编号：** 国 S-SC-PB-006-2014
通过类别： 审定	**申请人（单位）：** 北京林业大学

品种特性

三倍体杨树杂种，雄株。树干通直，皮孔小，菱形。5 年生平均材积生长量 5.90m^3/ 亩，木材基本密度 0.3555g/cm^3，纤维长度 0.854mm，综纤维 85.90%，木素 17.42%。可作为园林绿化品种和纸浆材品种。

栽培技术要点

春季造林为主，选择地势平坦、土层深厚的平川地。一般用当年生苗造林，造林前浸水 1~2 天。采用挖穴造林，穴规格 60cm × 60cm × 60cm。造林后及时浇水，第 3 年开始追肥，并修除竞争枝。根据立地条件和轮伐期长短，造林密度一般为 500~1500 株 /hm^2。

适宜种植范围

河北、山东、河南等白杨适宜栽培区。

1. 花序
2. 叶片
3. 树冠
4. 树皮
5. 干形

1	2	
3	4	5

北林雄株 2 号

树种：杨树
类别：无性系
通过类别：审定
学名：*Populus* 'Beilinxiongzhu 2'
编号：国 S-SC-PB-007-2014
申请人（单位）：北京林业大学

品种特性

三倍体杨树杂种，雄株。树干通直，皮孔小，菱形。5 年生平均材积生长量 6.80m^3/ 亩，木材基本密度 0.3393g/cm^3，纤维长度 0.820mm，综纤维 85.46%，木素 17.72%。可作为园林绿化品种和纸浆材品种。

栽培技术要点

春季造林为主，选择地势平坦、土层深厚的平川地。一般用当年生苗造林，造林前浸水 1~2 天。采用挖穴造林，穴规格 60cm × 60cm × 60cm。造林后及时浇水，第 3 年开始追肥，并修除竞争枝。根据立地条件和轮伐期长短，造林密度一般为 500~1500 株 /hm^2。

适宜种植范围

河北、山东、河南等白杨适宜栽培区。

1. 花序
2. 叶片
3. 树冠
4. 树皮
5. 干形

1	2	
3	4	5

万年金

树种：银杏
类别：品种
通过类别：审定
学名：*Ginkgo biloba* 'Wannianjin'
编号：国 S-SV-GB-008-2014
申请人（单位）：南京林业大学、湖北省安陆市林业局

品种特性

落叶乔木，喜光，光线充足时，叶色为黄色或深黄色；光线不足时，叶色变为黄绿色。在南京地区，从萌芽开始一直到 6 月底，叶片和叶柄的颜色均为黄色，7 月上旬以后，除新发的幼叶仍为黄色外，成熟的叶片叶色逐渐转为淡绿色，直到落叶之前又变为黄色。10 月下旬至 11 月初落叶进入休眠。可用于园林观赏绿化品种。

栽培技术要点

采用嫁接苗定植，及时抹芽除蘖，成活后及时松绑立标杆，每年分 3 次施肥，春季和夏季施速效肥，秋季施有机肥，6 月适当浇水。

适宜种植范围

江苏、湖北、北京等银杏适宜栽培区。

1	2
3	

1. 新芽和新叶
2. 1 年生枝和当年生枝
3. 试验林（北京）

明珠

树种： 樱桃
类别： 品种
通过类别： 审定
学名： *Prunus avium* 'Mingzhu'
编号： 国 S-SV-PA-009-2014
申请人（单位）： 潘凤荣

品种特性

果实宽心形，平均单果重 12.3g，最大单果重 14.5g。大连地区 6 月初果实成熟，比对照品种'红艳'早 3~4 天。在大连地区，定植后 3 年见果，第 4 年、第 5 年、第 6 年平均产量分别为 250kg/ 亩、425kg/ 亩、652kg/ 亩。达到盛果期后，产量可达 980kg/ 亩。可溶性固形物 18%~24%，pH3.5，干物质 18%，可溶性糖 14.75%，可滴定酸 0.41%，果实可食率 93.27%。鲜食品种。

栽培技术要点

建园时需配置授粉树。授粉树配置比率应在（2~4）: 1。授粉品种有'先锋'、'美早'、'拉宾斯'、'佳红'、'雷尼'、'红灯'等，可采用 3m×4m 或 3m×5m 的株行距，每亩栽 45~55 株。对多年生枝条要回缩修剪，注意肥水管理，适时采摘。

适宜种植范围

辽宁、河北、山东、山西等樱桃适宜栽培区。

1	2	3
4	5	

1. 开花状
2. 果实
3. 结果枝
4. 树形
5. 结果状

早露

树种： 樱桃
类别： 品种
通过类别： 审定
学名： *Prunus avium* 'Zaolu'
编号： 国 S-SV-PA-010-2014
申请人（单位）： 潘凤荣

品种特性

果实宽心形，平均单果重 8.65g，最大单果重 10.17g。大连地区 5 月末至 6 月初果实成熟，比对照品种'红灯'早 8~10 天。在大连地区，定植后 3 年见果，第 4 年、第 5 年、第 6 年平均产量分别为 215kg/ 亩、403kg/ 亩、538kg/ 亩。达到盛果期后，产量可达 925kg/ 亩。可溶性固形物 18.9%，pH3.7，干物质 14.0%，可溶性糖 10.7%，可滴定酸 0.34%，维生素 C 9.9mg/100g，果实可食率 93.1%。鲜食品种。

栽培技术要点

建园需配置授粉树，授粉树配置比率应在（2~4）: 1。授粉品种有'佳红'、'红艳'、'美早'、'红灯'、'早红珠'等，可采用 3m × 4m 或 3m × 5m 的株行距，每亩栽 45~55 株。在修剪上枝条应以甩放为主，生长期内进行 1~2 次摘心。

适宜种植范围

辽宁、河北、山东、山西等樱桃适宜栽培区。

1. 结果状
2. 开花状
3. 果实
4. 叶

早红珠

树种： 樱桃	**学名：** *Prunus avium* ‘Zaohongzhu’
类别： 品种	**编号：** 国 S-SV-PA-011-2014
通过类别： 审定	**申请人（单位）：** 潘凤荣

品种特性

果实宽心形，平均单果重 9.5g，最大单果重 10.6g。大连地区 6 月初成熟。在大连地区，盛果期产量可达 925kg/ 亩。果肉厚度达 0.95cm，可溶性固形物 18%~20%，pH3.55，干物质 17.83%，可溶性糖 12.52%，可滴定酸 0.71%，果实可食率为 89.87%。鲜食品种。

栽培技术要点

建园需配置授粉树。授粉树配置比率应在（2~4）:1。授粉品种有‘佳红’、‘雷尼’、‘红艳’、‘红蜜’、‘红灯’、‘晚红珠’等，可采用 3m × 4m 或 3m × 5m 的株行距，每亩栽 45~55 株。幼树期采用轻剪技术，多缓放，开张角度 90°。

适宜种植范围

辽宁、河北、山东、山西等樱桃适宜栽培区。

1. 叶
2. 开花状
3. 果实
4. 丰产状

北红

树种：葡萄
类别：品种
通过类别：审定
学名：*Vitis vinifera* × *V. amurensis* 'Beihong'
编号：国 S-SV-VV-012-2014
申请人（单位）：中国科学院植物研究所

品种特性

华北地区不需埋土即可安全越冬。植株生长势强。北京地区5月中旬开花，9月底浆果成熟，为晚熟品种。果穗圆锥形，平均穗重160g，果粒圆形，蓝黑色，果粒着生较紧。栽植后第2年即可结果，亩产可达200kg以上，第3年600~800kg/亩，丰产期产量控制在1000kg/亩以内。可溶性固形物23.8%~27.0%，可滴定酸0.65%~0.92%；果汁红色，出汁率62.9%。酿酒用品种。

栽培技术要点

种植地选择地下水位1.0m以下，土壤含盐量低于0.25%，雨季排水良好的地块。选择1年生成苗春季定植，株行距1m×（2.5~3）m，亩产控制在800~1000kg。入冬前灌足冻水，春季提早灌水。露地越冬植株春季伤流前修剪。

适宜种植范围

北京、天津、宁夏等葡萄适宜栽培区。

1	3
2	4

1. 典型成熟叶片
2. 果实
3. 区域试验园（北京朝阳区圣露国际酒庄）
4. 区域试验基地露地越冬园（宁夏贺兰山东麓）

北玫

树种： 葡萄
类别： 品种
通过类别： 审定

学名： *Vitis vinifera* × *V. amurensis* 'Beimei'
编号： 国 S-SV-VV-013-2014
申请人（单位）： 中国科学院植物研究所

品种特性

华北地区不需埋土即可安全越冬。植株生长势强。北京地区5月中旬开花，9月下旬浆果成熟。种植后第2年枝蔓即可满架，第3年亩产可达400kg，丰产期产量控制在800kg以内。果实可溶性固形物20.4%~25.4%，可滴定酸0.64%~0.89%，出汁率65.0%。酿酒用品种。

栽培技术要点

种植地选择地下水位1.0m以下，土壤含盐量低于0.25%，雨季排水良好的地块。选择1年生成苗春季定植，株行距1m×（2.5~3）m，亩产控制在800~1000kg。入冬前灌足冻水，春季提早灌水。露地越冬植株春季伤流前修剪。

适宜种植范围

北京、天津、宁夏等葡萄适宜栽培区。

1	2
3	4

1. 典型成熟叶片
2. 区域试验基地（北京朝阳区圣露国际酒庄）
3. 果实
4. 盐碱地生长结果状况（天津）

磨山雄 1 号

树种： 猕猴桃
类别： 品种
通过类别： 审定
学名： *Actinidia chinensis* 'Moshanxiong 1'
编号： 国 S- SV-AC-014-2014
申请人（单位）： 中国科学院武汉植物园

品种特性

树势中等偏强。雄株，花白色，聚伞花序，雄蕊数 50 个，花粉发芽率 62%~79%。开花早且花期长，在武汉，4 月上中旬初花，4 月中下旬盛花，4 月底谢花，花期 13~17 天。能与早花雌性品种'红阳'、'金农'、'川猕 3 号' 等 10 余个早花品种花期相遇。可作为观赏和授粉品种。

栽培技术要点

宜采用宽行窄株，密度以行株距（4~5）m × 2m 为宜。架式宜采用 "T" 形棚架或大棚架，主干高 1.8m，整形以单主干双土蔓鱼骨树形为佳；冬季轻剪，多采取花后复剪。

适宜种植范围

湖南、湖北、四川、江苏等猕猴桃适宜栽培区。

1. 花剖面
2. 开花状

金梅

树种：猕猴桃
类别：品种
通过类别：审定
学名：*Actinidia* 'Jinmei'
编号：国 S-SV-AJ-015-2014
申请人（单位）：中国科学院武汉植物园

品种特性

生长势强。单果重 67.4~105g，平均单果重 94g。嫁接苗定植第 2 年可挂果，第 3 年亩产可达 300kg，第 4 年进入盛果期，亩产 1500kg 以上。果皮绿褐色，密生短茸毛，不脱落，果肉黄色，平均可溶性固形物 16.0%，总糖 9.8%，总酸 1.3%，维生素 C 124mg/100g，干物质 17.5%，总氨基酸 0.8%，氮 0.15%，钾 0.18%，磷 253mg/kg，钙 341mg/kg。可鲜食和加工制汁。

栽培技术要点

宜采用宽行窄株，密度以行株距为（4~5）m×3m 为宜。架式宜采用"T"形棚架或大棚架，主干高 1.8m，整形以单主干双主蔓鱼骨树形，幼树夏季整形，冬季轻剪，在花期及时疏除侧花和过密小果。授粉品种为'磨山 4 号'和'磨山雄 5 号'，雌雄比（6~8）: 1。

适宜种植范围

湖北、江苏、四川等猕猴桃适宜栽培区。

1. 果实及纵横剖面
2. 果实
3. 结果状

满天红

树种：猕猴桃
类别：品种
通过类别：审定
学名：*Actinidia* 'Mantianhong'
编号：国 S-SV-AM-016-2014
申请人（单位）：中国科学院武汉植物园

品种特性

株形紧凑，树势中等。花为玫瑰红色，每个花枝着生花5~7朵，少量序花，花瓣直径4.2cm，花瓣6~11枚，多数6枚。从露瓣到谢花10天以上。果实为长卵圆形，黄褐色，平均单果重82g，盛果期亩产1000kg以上，果肉维生素C 448mg/100g，有机酸1.7%，可溶性固形物15%~19.2%、总糖12.6%。可作为观赏和鲜食品种。

栽培技术要点

宜采用宽行窄株，密度以行株距为（4~5）m×2m为宜。如以生产果实为主，则宜采用“T”形棚架或大棚架，主干高1.8m，整形以单主干双主蔓鱼骨树形；如以观赏生产兼用，则采用篱壁架、乔化等树形。幼树夏季整形，冬季轻剪。

适宜种植范围

湖北、江苏、四川等猕猴桃适宜栽培区。

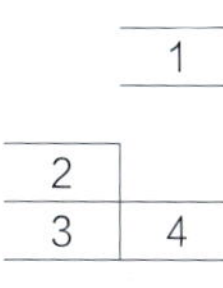

1. 花
2、4. 结果状
3. 果实及纵横剖面

华硕

树种：苹果　　学名：*Malus pumila* 'Huashuo'
类别：品种　　编号：国 S-SV-MP-017-2014
通过类别：审定　　申请人（单位）：中国农业科学院郑州果树研究所

品种特性

树冠中大、呈圆锥形，树势生长中庸。果实近圆形，平均单果重 232g。幼树定植后第 3 年即可少量结果，盛果期树亩产量 2800~3500kg。果实底色绿黄，果面鲜红色，着色面积达 70%。可溶性固形物 13.9%，总糖 11.68%，总酸 0.42%，维生素 C 1.1mg/100g。鲜食品种。

栽培技术要点

M26、SH 系列矮化中间砧或 M9 矮化自根砧以（1.5~2）m×（3~4）m 的株行距定植，设施扶干栽培、采用细长纺锤形整形；若采用海棠等实生砧则以（2.5~3.5）m×（4~5）m 的株行距定植，采用自由纺锤形整形。适当疏花疏果，加强水肥管理。

适宜种植范围

河南、山东、云南、河北、山西等苹果适宜栽培区。

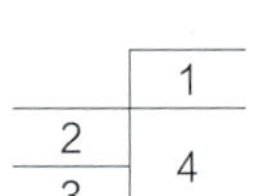

1. 果实及果实纵横剖面
2. 结果枝
3. 果实
4. 结果树（4 年生 M26/ 海棠中间砧）

新郑红 8 号

树种：枣
类别：品种
通过类别：审定
学名：*Ziziphus jujuba* 'Xinzhenghong 8'
编号：国 S-SV-ZJ-018-2014
申请人（单位）：赵旭升

品种特性

树姿直立，树势健壮。在河南新郑 5 月下旬始花，8 月下旬成熟。平均单果重 5.0g，盛果期平均亩产 1000~1500kg。鲜枣可溶性糖 29.2%，可滴定酸 0.21%，可食率 96.2%。鲜食。

栽培技术要点

选择土地平整、土壤肥沃的耕地矮化密植，株行距 2m × 3m 较为适宜，树形可选用小冠分层形、开心形等。加强肥水管理，合理疏花、疏果。

适宜种植范围

河南、新疆等枣适宜栽培区。

1	4
2	
3	

1. 果实
2. 结果状
3. 丰产林（4 年生）
4. 开花状

川早 1 号

树种： 核桃
类别： 品种
通过类别： 审定
学名： *Juglans sigillata* × *J. regia* 'Chuanzao 1'
编号： 国 S-SV-JS-019-2014
申请人（单位）： 四川农业大学

品种特性

树势中庸偏强，3 年生平均产量 16.8kg/ 亩，4 年生平均产量 43.2kg/ 亩，5 年丰产，平均产量达 73.2kg/ 亩。坚果扁圆形，平均单果重 12.0g，壳厚 0.90mm，可取整仁，出仁率 51.60%；核仁黄白色，粗脂肪 52.6%，粗蛋白 16.30%，钙 871mg/kg，铁 11.1mg/kg，磷 0.26%、维生素 E 1.50mg/kg，镁 0.11%。鲜食。

栽培技术要点

适宜株行距 4m×5m 或 5m×6m，大穴（直径 80cm）整地，栽植时间为 12 月至 2 月上旬，栽植时浇定根水。第 1 年适时浇水保活，疏花促长，2 年后整形促果。

适宜种植范围

四川、重庆等核桃适宜栽培区。

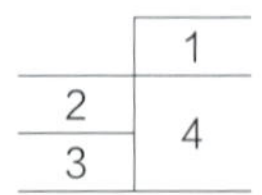

1. 结果状
2. 坚果
3. 花
4. 树形

檀桥

树种：板栗	学名：*Casanea mollissima* 'Tanqiao'
类别：品种	编号：国 S-SV-CM-020-2014
通过类别：审定	申请人（单位）：袁德文

品种特性

树冠圆头形。5 月上旬始花，果实 10 月上旬成熟，每个壳斗苞被 1~3 粒坚果。坚果枣红色，平均坚果重 16.22g，盛果期亩产坚果 350kg 以上。鲜果果肉含淀粉 48.5%，脂肪 1.8%，可溶性糖 8.53%，水分 31.2%，氮 1.02%，磷 0.14%，钾 0.94%，钙 444mg/kg，镁 800 mg/kg，铁 31.1mg/kg，铜 11.4mg/kg，锌 9.65mg/kg。鲜食或加工。

栽培技术要点

选择 pH5.5~6.5，土壤深厚、湿润且排水良好的砾质地建园，配置'九家种'、'它栗'、'石丰'等作为授粉品种，一般主栽品种 4~8 行配置 1 行授粉树；栽植时间以 11~12 月栽植为最好，春季栽植以 2 月中旬至 3 月上旬为宜；栽植密度丘陵地 40~60 株 / 亩。

适宜种植范围

湖南、山东、江西等板栗适宜栽培区。

1	
2	3
4	

1. 总苞
2. 花
3. 坚果
4. 丰产林结果情况

京欧 1 号

树种：欧李
类别：品种
通过类别：审定
学名：*Cerasus humilis* 'Jingou 1'
编号：国 S-SV-CH-021-2014
申请人（单位）：李卫东、刘志国、卢宝明、姜英淑、何燕、李贵深

品种特性

株高 1.2~1.5m。果实扁圆形，紫红色，果肉红色，平均单果重 6.2g。在北京盛果期亩产 1000kg。果实出汁率 82.4 %，干物质 16.2%，平均可溶性固形物 15.4%，可溶性糖 7.85%，总酸 1.12%，糖酸比 7.01，钙 249mg/kg，维生素 C 380mg/kg，氨基酸总量 5.13g/kg，必需氨基酸总量 1.54g/kg，占总氨基酸的 30.0%。鲜食及加工，种仁可作郁李仁药材。

栽培技术要点

选平地、坡地，也可在梯田地边栽种。春季在苗木萌动前，秋季在落叶后定植，株行距 0.8m × 1.0m，定植坑穴深 50cm、直径 40cm，配置'京欧 2 号'作授粉树。合理疏花疏果，加强肥水管理，单株产量控制在 1.6kg 以内。

适宜种植范围

北京、河北、山西、甘肃等欧李适宜栽培区。

1. 果实
2. 原植株

京欧 2 号

树种：欧李
类别：品种
通过类别：审定
学名：*Cerasus humilis* 'Jingou 2'
编号：国 S-SV-CH-022-2014
申请人（单位）：李卫东、郝建伟、卢宝明、姜英淑、何燕、李贵深

品种特性

株高 1.2~1.5m。果实圆形，紫色，果肉红色，平均单果重 6.1g。在北京盛果期亩产 1000kg。果实出汁率 81.5%，干物质 15%，平均可溶性固形物 14.7%，可溶性糖 7.54%，总酸 1.32%，糖酸比 5.71，钙 262mg/kg，维生素 C 449mg/kg，氨基酸总量 5.22g/kg，必需氨基酸总量 1.49g/kg，占总氨基酸的 28.5%。鲜食及加工，种仁可作郁李仁药材。

栽培技术要点

选平地、坡地，也可在梯田地边栽种。春季在苗木萌动前，秋季在落叶后定植，株行距 1.0m×1.0m，定植坑穴深 50cm、直径 40cm，配置‘京欧 1 号’作授粉树。合理疏花疏果，加强肥水管理，单株产量控制在 1.6kg 以内。

适宜种植范围

北京、河北、山西、甘肃等欧李适宜栽培区。

1. 结果枝
2. 原植株

中科黔北 1 号

树种： 淫羊藿　**学名：** *Epimedium borealiguizhouense* 'Zhongke qianbei 1'
类别： 品种　**编号：** 国 S-SV-EB-023-2014
通过类别： 审定　**申请人（单位）：** 中国科学院武汉植物园

品种特性

多年生草本。植株健壮，高 65~80cm。叶片披针形或狭披针形。第 3 年进入盛产期，平均亩产 525kg。叶片总黄酮、朝藿定 C 和淫羊藿苷含量分别为 116.48mg/g、24.48mg/g、16.91mg/g。用于中药产业。

栽培技术要点

选择疏林山地或经济林地林下种植，采用沟植或窝植，株行距 25cm × 30cm，深 10~15cm，每亩栽植 6000~8000 株。定植后浇足定根水。施农家肥为主，每亩 2000~3000kg。4~8 月淫羊藿生长旺盛期，每 30 天除草 1 次。在夏季一般连续晴 5~6 天，于早晚进行人工浇水。

适宜种植范围

湖北、贵州、广东等淫羊藿适宜栽培区。

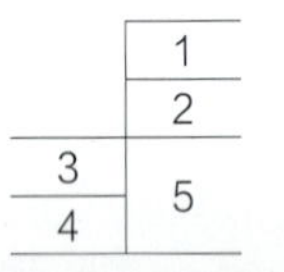

1. 根状茎
2. 驯化栽培及单株选育
3. 果实
4. 花
5. 林下栽培

中科箭叶 1 号

树种： 淫羊藿 **学名：** *Epimedium borealiguizhouense* 'Zhongke jianye 1'
类别： 品种 **编号：** 国 S-SV-EB-024-2014
通过类别： 审定 **申请人（单位）：** 中国科学院武汉植物园

品种特性

多年生草本。植株健壮，高 30~50cm。小叶卵形，基部深心形。第 3 年进入盛产期，平均亩产 460kg。叶片总黄酮含量 117.27mg/g，4 种有效成分朝藿定 A、B、C 和淫羊藿苷含量分别为 21.96mg/g、29.91mg/g、17.89mg/g、16.94mg/g。用于中药产业。

栽培技术要点

选择疏林山地或经济林地林下种植，采用沟植或窝植，株行距 25cm×30cm，深 10~15cm，每亩栽植 6000~8000 株。定植后浇足定根水。施农家肥为主，每亩 2000~3000kg。4~8 月淫羊藿生长旺盛期，每 30 天除草 1 次。在夏季一般连续晴 5~6 天，于早晚进行人工浇水。

适宜种植范围

湖北、贵州、广东等地淫羊藿适宜栽培区。

1. 根状茎
2. 遮阴栽培
3. 花
4. 林下栽培
5. 果实
6. 叶

中科巫山 1 号

树种：淫羊藿	学名：*Epimedium borealiguizhouense* 'Zhongke wushan 1'
类别：品种	编号：国 S-SV-EB-025-2014
通过类别：审定	申请人（单位）：中国科学院武汉植物园

品种特性

多年生草本。植株健壮，高 50~65cm。叶片披针形或狭披针形。第 3 年进入盛产期，平均亩产 469kg。叶片总黄酮和朝藿定 C 含量分别为 64.94mg/g、41.11mg/g。用于中药产业。

栽培技术要点

选择疏林山地或经济林地林下种植，采用沟植或窝植，株行距 25cm×30cm，深 10~15cm，每亩栽植 6000~8000 株。定植后浇足定根水。施农家肥为主，每亩 2000~3000kg。4~8 月淫羊藿生长旺盛期，每 30 天除草 1 次。在夏季一般连续晴 5~6 天，于早晚进行人工浇水。

适宜种植范围

湖北、贵州、广东等淫羊藿适宜栽培区。

1. 根状茎
2. 花株
3. 林下栽培
4. 果实
5. 花
6. 驯化栽培及单株选育

京薰 3 号

树种： 薰衣草
类别： 品种
通过类别： 审定
学名： *Lavandula angustifolia* 'Jingxun 3'
编号： 国 S-SV-LA-026-2014
申请人（单位）： 中国科学院植物研究所

品种特性

多年生亚灌木，植株丛生。株高 50~60cm，株幅 60~80cm。花紫色，花轮数 5~6 轮，每轮 12~16 朵，盛花期 6 月中下旬，开花整齐。出油率 1.42%~1.64%，亩产精油量 7.8~8.4kg。乙酸芳樟酯含量 43.7%。可用于提取薰衣草精油和园林观赏。

栽培技术要点

冬季种植时间为 10 月中下旬至 12 月上中旬，春季种植时间为 3 月中旬至 4 月上旬，选择光照充足，排水良好地块，株行距 60cm × 80cm，一年要进行 3~4 次中耕除草，加强水肥管理，适时采收。

适宜种植范围

新疆伊犁谷地带、山东胶东半岛丘陵地带薰衣草适宜栽培区。

1	3
	4
2	5

1. 母株
2. 区域种植（新疆生产建设兵团第四师 69 团）
3. 花萼及腺毛
4. 叶片上表面
5. 叶片下表面

2015年

林木良种名录

atalog of improved varieties of forest trees

苏柳 172

树种：柳树
类别：品种
通过类别：审定
学名：*Salix × jiangsuensis* '172'
编号：国 S-SV-SJ-001-2015
申请人（单位）：江苏省林业科学研究院

品种特性

雌株。分枝角较大，树冠开阔，卵圆形。在长江中下游滩地 5 年生材积生长量可达 93.25 m^3/hm^2，基本密度 0.409g/cm^3；6 年生木材纤维长度 1.33mm，宽度 0.025mm，纤维素含量 50.7%。可作纸浆材、四旁绿化品种。

栽培技术要点

成片造林可用 1 年生苗，苗高 2.5~3.0m，高径比为 100∶1，四旁植树宜用 2 年生大苗，苗高 4~5 m。5 年轮伐期纸浆林密度宜为 1667 株 /hm^2。

适宜种植范围

江苏、安徽、湖北等柳树适宜栽培区。

		1
2		3
4	5	6

1. 芜湖马塘段区域实验林
2、3. 与垂柳、旱柳等品种比较——托叶正面（左）和托叶反面（右）
4、5. 幼树树皮
6. 洞庭湖造林 14 个月

苏柳 932

树种： 柳树
类别： 品种
通过类别： 审定
学名： *Salix × jiangsuensis* '932'
编号： 国 S-SV-SJ-002-2015
申请人（单位）： 江苏省林业科学研究院

品种特性

雌株。多数分枝角大于 45°，树冠开阔、较稀疏，树干多处微弯曲。在长江中下游、淮河下游等地蓄积年均生长量可达 22.5~30m^3/hm^2，基本密度 0.484g/cm^3。可作纸浆材、四旁绿化品种。

栽培技术要点

在春季发芽前造林。选用 1 年生，苗干通直，高 2.5~3.0m，高径比为 100∶1 的苗木造林。淹水深的地方用 2 年生、高 4~5m 的大苗造林。根据造林目的需要，造林密度可从 1.5m × 3m 到 3m × 4m，4~7 年采伐。

适宜种植范围

江苏、安徽、湖北等柳树适宜栽培区。

1			
2		3	
4	5	6	7

1. 芜湖马塘段区域实验林
2、3. 与垂柳、旱柳等品种比较——叶片（上）和叶柄（下）
4. 主干（2 年生）
5. 植株（2 年生）
6. 树皮（2 年生）
7. 树皮（4 年生）

洛南古城油松一代种子园种子

树种： 油松
类别： 种子园种子
通过类别： 审定
学名： *Pinus tabulaeformis*
编号： 国 S-CSO(1)-PT-003-2015
申请人（单位）： 西北农林科技大学洛南古城林场

品种特性

种子园种子千粒重 45.8g，种子园混合种子造林，22 年生平均树高 4.92m，胸径 6.11cm，树高、胸径、材积遗传增益分别为 10.3%、8.2%、22.0%，木材基本密度 0.39g/cm^3。可作用材林、生态防护林品种。

栽培技术要点

低山丘陵宜选择在阴坡、半阴坡造林；高山宜选在半阴坡、半阳坡和植被较好的阳坡造林。起苗前必须浇水，保持土壤湿润。栽植时要求根展、苗端、深栽实埋不伤须根，用表土和湿土分层埋填，分层踏实，最后覆一层虚土。

适宜种植范围

陕西、甘肃、河南等油松适宜栽培区。

1		
2	3	4
5	6	7

1. 种子园一角
2. 种子园种子育苗
3. 嫁接苗培育
4. 优树半同胞子代测定育苗
5. 示范林
6. 结实母树
7. 种子园结实

陈山红心杉一代种子园种子

树种： 杉木
类别： 种子园种子
通过类别： 审定
学名： *Cunninghamia lanceolata*
编号： 国 S-CSO(1)-CL-004-2015
申请人（单位）： 江西省林业科学院、江西省吉安市青原区白云山林场

品种特性

树干通直圆满。前期生长缓慢，后期生长快。8 年生平均树高 8.6m，平均胸径 9.2cm，木材基本密度 0.3240g/cm^3；18 年生胸径处红心比例为 50.5%，晚材率 24.1%，纤维长度 3602μm。用于营造速生丰产林、防护林及城市绿化等。

栽培技术要点

适宜冬末春初雨后阴天栽植，初植株行距 2m×2m，抚育管理第 1~3 年，每年 2 次，松土深度 10cm 左右；第 4 年只清除妨碍幼树生长的杂灌、草和藤蔓；幼林以枯饼、有机肥和钙镁磷肥 150~180kg/hm^2；8~10 年生时施尿素 300~375kg/hm^2，钙镁磷肥 750~900kg/hm^2，沿树蔸环状开沟；在林龄 8~10 年时，采用一次性间伐，间伐后密度为 1200 株 /hm^2。

适宜种植范围

江西、浙江、福建、广东等杉木适生区。

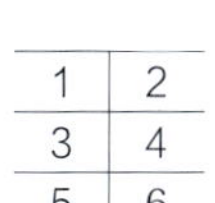

1. 种子
2. 苗木
3. 单株
4. 结果母树
5. 林相
6. 原木

中林1号湿加松

树种： 湿地松 × 洪都拉斯加勒比松
学名： *Pinus elliottii* × *P. caribaea* var. *hondurensis* 'Zhonglin 1'
类别： 引种驯化品种
编号： 国 S-ETS-PE-005-2015
通过类别： 审定
申请人（单位）： 中国林业科学研究院林业研究所

品种特性

从澳大利亚昆士兰州林业所引种。干型圆满通直，尖削度小。在广东江门10年生平均树高12.3m，平均胸径17.5cm。6年生木材基本密度0.414g/m^3，木质素29.61%，综纤维素69.49%，α-纤维素41.56%。可作为建筑用材、纸浆材品种。

栽培技术要点

选择酸性土壤，土层深厚，排水良好，海拔800m以下的山地丘陵地带造林。苗高要达到15~20cm，顶芽饱满，地径达到0.3cm以上。株行距2.5m×3.0m。春季造林，华南地区适宜在清明节前后造林。定植1个月后进行查看和补苗；定植后的第1年分别在7~8月和11~12月进行2次抚育除杂，防止因杂草杂木遮阴而影响生长。

适宜种植范围

广东、福建等湿加松适宜栽培区。

1	4
2	
3	5

1. 采穗圃
2. 采穗母树
3. 嫩枝扦插育苗
4. 4年生单株（广东江门）
5. 4年生人工林（广东江门）

白桦家系 1-7

树种： 白桦
类别： 家系
通过类别： 审定

学名： *Betula platyphylla* '1-7'
编号： 国 S-SF-BP-006-2015
申请人（单位）： 东北林业大学

品种特性

树干通直，自然整枝能力强。树皮洁白，纸状分层剥离，春夏两季白绿相间，秋季叶子金黄色。冬季树干洁白，枝条颜色深红。在黑龙江帽儿山实验林场 11 年生树高 10.68m，胸径达 10.01cm，材积 0.0386m^3。可作用材林和城市绿化品种。

栽培技术要点

造林地宜选择在火烧迹地、小块皆伐迹地、林缘坡地或林中空地。行距 2m×2m 为宜。栽植前，穴面腐殖土全部回穴底，苗木居穴正中，严格按照“三埋两踩一提苗”的方法进行，培土深度应高于地面 4cm 左右。造林后 1~3 年内每年抚育 2~3 次。

适宜种植范围

黑龙江、吉林等白桦适宜栽培区。

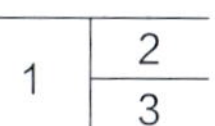

1. 枝条
2. 长枝叶片性状
3. 短枝叶片性状

白桦家系 4-7

树种：白桦
类别：家系
通过类别：审定
学名：*Betula platyphylla* '4-7'
编号：国 S-SF-BP-007-2015
申请人（单位）：东北林业大学

品种特性

树干通直，自然整枝能力强。树皮洁白，纸状分层剥离，春夏两季白绿相间，秋季叶子金黄色。冬季树干洁白，枝条颜色深红。在黑龙江帽儿山实验林场 11 年生树高 10.48m，胸径达 10.21cm，材积 0.0402m^3，通直度 2.09。可作用材林和城市绿化品种。

栽培技术要点

造林地宜选择在火烧迹地、小块皆伐迹地、林缘坡地或林中空地。行距 2m×2m 为宜。栽植前，穴面腐殖土全部回穴底，苗木居穴正中，严格按照“三埋两踩一提苗”的方法进行，培土深度应高于地面 4cm 左右。造林后 1~3 年内每年抚育 2~3 次。

适宜种植范围

黑龙江、吉林等白桦适宜栽培区。

1. 枝条
2. 叶片反面
3. 叶片正面

白桦家系 4-13

树种：白桦
类别：家系
通过类别：审定
学名：*Betula platyphylla* '4-13'
编号：国 S-SF-BP-008-2015
申请人（单位）：东北林业大学

品种特性

树干通直，自然整枝能力强。树皮洁白，纸状分层剥离，春夏两季白绿相间，秋季叶子金黄色。冬季树干洁白，枝条颜色深红。在黑龙江帽儿山实验林场 11 年生树高 11.00m，胸径 9.78cm，材积 0.0377m^3，通直度 2.03。可作用材林和城市绿化品种。

栽培技术要点

造林地宜选择在火烧迹地、小块皆伐迹地、林缘坡地或林中空地。行距 2m × 2m 为宜。栽植前，穴面腐殖土全部回穴底，苗木居穴正中，严格按照"三埋两踩一提苗"的方法进行，培土深度应高于地面 4cm 左右。造林后 1~3 年内每年抚育 2~3 次。

适宜种植范围

黑龙江、吉林等白桦适宜栽培区。

1. 叶片反面
2. 叶片正面
3. 枝条

白桦家系 3-12

树种：白桦
类别：家系
通过类别：审定
学名：*Betula platyphylla* '3-12'
编号：国 S-SF-BP-009-2015
申请人（单位）：东北林业大学

品种特性

树干通直，自然整枝能力强。树皮洁白，纸状分层剥离，春夏两季白绿相间，秋季叶子金黄色。冬季树干洁白，枝条颜色深红。在黑龙江帽儿山实验林场 11 年生树高 10.52m，胸径 10.10cm，材积 0.0392m^3，通直度 1.99。可作用材林和城市绿化品种。

栽培技术要点

造林地宜选择在火烧迹地、小块皆伐迹地、林缘坡地或林中空地。行距 2m×2m 为宜。栽植前，穴面腐殖土全部回穴底，苗木居穴正中，严格按照“三埋两踩一提苗”的方法进行，培土深度应高于地面 4cm 左右。造林后 1~3 年内每年抚育 2~3 次。

适宜种植范围

黑龙江、吉林等白桦适宜栽培区。

1. 枝条
2. 叶片反面
3. 叶片正面

长岭岗日本落叶松家系

树种： 日本落叶松
类别： 家系
通过类别： 审定
学名： *Larix kaempferi* 'Changlinggang'
编号： 国 S-SF-LK-010-2015
申请人（单位）： 中国林业科学研究院林业研究所

品种特性

树冠塔形，树干通直。在湖北 17 年生平均胸径 17.2cm，树高 16.8m；11 年生树平均基本密度 0.451g/cm^3，平均纤维长度 2.762mm，平均纤维宽度 41.819μm，α-纤维素 41.16%，木质素 30.87%，综纤维素 67.97%。可作速生丰产林和纸浆材品种。

栽培技术要点

造林地适宜在海拔 1200~1900m 的山地，土层厚度在 50cm 以上，土壤为山地棕壤或黄棕壤，pH6.0 左右，坡度不超过 45°以上。2 年生 Ⅰ 级播种苗或 2 年生生长优良的扦插苗上山造林。采用落叶松常规栽植和抚育技术管理。

适宜种植范围

湖北、湖南、重庆等日本落叶松适宜栽培区。

1	
2	3
4	5

1. 优良家系子代测定林
2. 优良家系未成熟球果
3. 优良家系雌花
4. 优良家系针叶
5. 树皮

大孤家 27

树种： 日本落叶松
类别： 家系
通过类别： 审定
学名： *Larix kaempferi* 'Dagujia 27'
编号： 国 S-SF-LK-011-2015
申请人（单位）： 中国林业科学研究院林业研究所

品种特性

树冠塔形，树干通直。树皮褐色，块状深裂，鳞片状剥落。辽宁 22 年生平均胸径 24.95cm，树高 23.33m，材积 0.5339m^3。30 年生家系平均基本密度为 0.402g/cm^3，平均单根纤维长度 2.791mm，平均单根纤维宽度 44.885μm，弹性模量 14.03GPa，抗弯强度 101.58MPa，抗压强度 58.96MPa。可用于营建结构材培育目的的工业用材林。

栽培技术要点

造林地宜选在阴坡、半阴或半阳坡土壤肥沃的山地，土层厚度 50cm 以上，土壤为山地棕壤或黄棕壤，pH6.0 左右。2 年生 Ⅰ 级播种苗或 2 年生生长优良的扦插苗上山造林。采用落叶松常规栽植和抚育技术管理。

适宜种植范围

辽宁、河北、河南等日本落叶松适宜栽培区。

1	2
3	4

1. 小枝 2. 针叶 3. 树皮 4. 实验林

燕山短枝

树种：板栗
类别：品种
通过类别：审定
学名：*Castanea mollissima* 'Yanshan duanzhi'
编号：国 S-SV-CM-012-2015
申请人（单位）：河北省农林科学院昌黎果树研究所

品种特性

树体矮小，树冠紧凑，树姿半开张。1 年生枝均长 20.8cm，粗 0.77cm；结果母枝长 20.5cm，粗 0.77cm。嫁接第 4~5 年进入盛果期，盛果期产量 3000kg/hm^2。坚果椭圆形，深褐色，茸毛少，平均单粒重 8.3g，含水量 48.7%，可溶性糖 23.04%，淀粉 49.52%，蛋白质 5.23%。适宜炒食或食品加工。

栽培技术要点

建园时选择背风向阳、排水良好的山坡中、下部或者平地建园。树形宜选用自然开心形，土壤条件较好，株行距可按 2m×4m 定植，土壤条件差可按 2m×3m 定植，间伐后密度保持（4×4）m~（4×6）m。授粉树按照 1∶8~1∶4 配置雄花花期与该品种雌花花期一致品种。

适宜种植范围

北京、河北、山东等板栗适宜栽培区。

1 果实　2. 结果单株　3. 果实与果苞　4. 叶片与花序　5. 结果幼树　6. 板栗园

燕山早丰

树种： 板栗
类别： 品种
通过类别： 审定
学名： *Castanea mollissima* 'Yanshan zaofeng'
编号： 国 S-SV-CM-013-2015
申请人（单位）： 河北省农林科学院昌黎果树研究所

品种特性

树体高度中等，树冠紧凑度一般，树姿半开张。嫁接第 4 年即进入盛果期，盛果期产量 3780kg/hm^2。坚果椭圆形，深褐色，茸毛较多，平均单粒重 7.8g，含水量 51%，可溶性糖 20.2%，淀粉 46.1%，蛋白质 5.02%。适宜炒食或食品加工。

栽培技术要点

建园时选择背风向阳、排水良好的山坡中、下部或者平地建园。树形宜选用自然开心形，土壤条件较好，株行距可按 2m×4m 定植，土壤条件差可按 2m×3m 定植，间伐后密度保持（4×4）m~（4×6）m。授粉树按照 1∶8~1∶4 配置雄花花期与该品种雌花花期一致品种。

适宜种植范围

北京、河北、山东等板栗适宜栽培区。

1. 叶片与花序
2. 果实与果苞
3. 开花单株
4. 果枝
5. 山地栽植

森淼

树种： 沙棘
类别： 品种
通过类别： 审定
学名： *Hippohae rhamnoides* 'Senmiao'
编号： 国 S-SV-HR-014-2015
申请人（单位）： 中国林业科学研究院林业研究所

品种特性

灌木。树冠椭圆形。定植 3~4 年进入结果期，1 年生枝 10cm 枝长平均 2~5 个棘刺。果实 8 月底成熟，果实呈黄色，近圆形，平均单果重 0.25g，盛果期果实产量可达 5000kg/hm^2。果实维生素 C 695.69mg/100g 鲜重，维生素 E 4.15mg/100g，水解总黄酮含量 215.45mg/100g；叶片水解总黄酮含量高达 3362.4mg/100g。生态、经济兼用树种。

栽培技术要点

选择 2 年生扦插苗造林。人工管理的地块可选择株行距 1.5m×3m，如果选用机械管理的地块可选择 2m×4m。选用 8∶1 的方法配置雌雄株，栽植时按“田字排列法”定植。适时中耕除草，中耕深度为 4~5cm，每年 3~4 次。

适宜种植范围

辽宁、内蒙古等沙棘适宜栽培区。

1. 结实状
2. 结果枝

草新 2 号

树种：沙棘
类别：品种
通过类别：审定
学名：*Hippohae rhamnoides* 'Caoxin 2'
编号：国 S-SV-HR-015-2015
申请人（单位）：中国林业科学研究院林业研究所

品种特性

灌木。树冠椭圆形。少刺，1 年生枝 10cm 枝长平均 0~1 个棘刺。定植 3~4 年进入结果期，5 年进入盛果期。果实呈黄色，果实卵圆形，平均单果重 0.38g，盛果期平均单株产量 3.6kg 以上。果实维生素 C 284.59mg/100g，维生素 E 3.34mg/100g，水解总黄酮 18.07mg/100g；叶片水解总黄酮 3727.20mg/100g。生态、经济兼用树种。

栽培技术要点

选择 2 年生扦插苗造林。人工管理的地块可选择株行距 1.5m×3m，如果选用机械管理的地块可选择 2m×4m。选用 8∶1 的方法配置雌雄株，栽植时按“田字排列法”定植。适时中耕除草，中耕深度为 4~5cm，每年 3~4 次。

适宜种植范围

辽宁、内蒙古等沙棘适宜栽培区。

1. 果实
2. 结实状

黑绥 4 号

树种：沙棘　　学名：*Hippohae rhamnoides* 'Heisui 4'
类别：品种　　编号：国 S-SV-HR-016-2015
通过类别：审定　　申请人（单位）：中国林业科学研究院林业研究所

品种特性

灌木。树冠椭圆形。少刺，1 年生枝 10cm 枝长平均 0~1 个棘刺。定植 3~4 年进入结果期，5 年进入盛果期。果实呈黄色，果实卵圆形，平均单果重 0.38g，盛果期平均单株产量 4.0kg。果实维生素 C 86.25mg/100g，水解总黄酮 22.55mg/100g；叶片水解总黄酮达 2970.60mg/100g。生态、经济兼用树种。

栽培技术要点

选择 2 年生扦插苗造林。人工管理的地块可选择株行距 1.5m × 3m，如果选用机械管理的地块可选择 2m × 4m。选用 8∶1 的方法配置雌雄株，栽植时按"田字排列法"定植。适时中耕除草，中耕深度为 4~5cm，每年 3~4 次。

适宜种植范围

辽宁、内蒙古等沙棘适宜栽培区。

1. 果实
2. 结实状

宁杞 9 号

树种：枸杞
类别：品种
通过类别：审定

学名：*Lycium barbarum* 'Ningqi 9'
编号：国 S-SV-LB-017-2015
申请人（单位）：国家林业局枸杞工程技术研究中心、宁夏森淼种业生物工程有限公司、宁夏枸杞科技开发有限公司

品种特性

落叶灌木。三倍体。叶片长椭圆形，叶长平均 52.48mm，宽平均 8.83mm，厚 0.95~1.65mm，平均单叶重 0.17g，五叶一芽平均鲜重 0.89g，七叶一芽平均鲜重 1.19g。根据木质化程度芽菜种植采摘以五叶一芽到七叶一芽为标准。宁夏壤土地栽培产量可达 1500kg/ 亩。五叶一芽中氨基酸 7.33g/100g，矿质元素钾、钙、铁、锌分别为 4170mg/kg、1170mg/kg、73.48mg/kg、12.28mg/kg，枸杞多糖、甜菜碱分别为 3.4g/100g、0.62g/100g，蛋白质 6.74g/100g，总膳食纤维 6.56g/100g，脂肪 0.57g/100g，能量 191kJ/100g。适宜做枸杞芽菜。

栽培技术要点

选择土层深厚、土壤质地肥沃的砂壤、轻壤或中壤土，4 月下旬至 8 月上旬都可进行苗木定植，株行距（15~20）cm × 70cm，每亩定植 4800~6400 株。基肥结合春耕翻入土内 15~20cm，施肥量有机肥 1000~1500kg/ 亩，尿素 10kg/ 亩，过磷酸钙 50kg/ 亩，硫酸钾 20kg/ 亩。全年进行中耕除草 6~8 次。

适宜种植范围

宁夏、陕西、河南、重庆、北京等枸杞适宜栽培区。

1	2
3	4

1. 2 年生芽菜
2. 叶片对照
3. 叶芽对照
4. 中宁恩和区域示范

夏至早红

树种：桃
类别：品种
通过类别：审定
学名：*Prunus persica* 'Xiazhi zaohong'
编号：国 S-SV-PP-018-2015
申请人（单位）：姜全、郭继英、赵剑波、任飞、王真、张瑜、陈建军、郑志琴、王尚德

品种特性

树姿半开张，树冠较大。早熟油桃品种，果实发育期 67 天。果实近圆形，果面全红。平均单果重 138g，最大单果重 163g，盛果期树亩产可达 1700kg。果实可溶性固形物 12.6%，总糖 11.19%，可滴定酸 0.15%，鲜果维生素 C 13.45mg/100g。鲜食。

栽培技术要点

“Y”形整枝采用株行距（2~3）m×（5~6）m，三主枝自然开心形整枝株采用株行距（3~4）m×（5~6）m。合理留果，产量每亩控制在 2200kg 左右为宜。加强肥水管理。

<table>
<tr><td rowspan="3">1</td><td>2</td></tr>
<tr><td>3</td></tr>
<tr><td>4</td></tr>
</table>

1. 原株
2. 果实
3. 结果状
4. 区域试验基地（北京平谷区大华山镇瓦关头）

适宜种植范围

北京、甘肃等桃适宜栽培区。

早玉

树种： 桃	**学名：** *Prunus persica* 'Zaoyu'
类别： 品种	**编号：** 国 S-SV-PP-019-2015
通过类别： 审定	**申请人（单位）：** 姜全、郭继英、赵剑波、任飞、王真、张瑜、陈建军、郑志琴、王尚德、郭建强

品种特性

树姿半开张。中熟白肉桃品种，果实发育期93天左右。平均单果重195g，最大单果重304g，盛果期亩产2000kg。果皮底色为黄白色，果面1/2以上着红色晕。可溶性固形物13.0%，总糖11.2%，可滴定酸0.18%，鲜果维生素C 16.16mg/100g。鲜食。

栽培技术要点

三主枝自然开心形整枝，可采用株行距（3~4）m×（5~6）m进行定植；“Y”形整枝株行距可选用（2~3）m×（5~6）m。合理留果，产量每亩控制在2200kg左右。秋后增施有机肥，并加强春季肥水管理，花后适当追施磷、钾肥，果实上色早，需注意适时采收。

适宜种植范围

北京、河北、甘肃等桃适宜栽培区。

1	2
3	4

1. 果实
2. 结果状
3. 区域试验基地（北京平谷区大华山镇峪子村）
4. 原株

瑞蟠 4 号

树种：桃
类别：品种
通过类别：审定

学名：*Prunus persica* 'Ruipan 4'
编号：国 S-SV-PP-020-2015
申请人（单位）：姜全、郭继英、赵剑波、任飞、王真、张瑜、郑志琴、王尚德、郭建强

品种特性

树姿半开张。晚熟白肉蟠桃品种，果实发育期 134 天左右。平均单果重 221g，最大单果重 350g，盛果期亩产 2000kg。果皮底色为淡绿至黄白色，果面 1/2 以上着暗红细点或晕。可溶性糖 16.4%，可滴定酸 0.13%，鲜果维生素 C 14.83mg/100g。鲜食。

栽培技术要点

"Y" 形整枝采用株行距（2~3）m ×（5~6）m，三主枝自然开心形整枝株采用株行距（3~4）m ×（5~6）m。合理留果，亩产量控制在 2000kg 左右。秋后施用有机肥，硬核期追施速效肥，果实成熟前 20~30 天保证灌水充足并适当增施速效氮肥和钾肥。加强夏季修剪。

适宜种植范围

北京、河北、山东等桃适宜栽培区。

1	2
3	4

1. 结果状
2. 果实
3. 区域试验基地（北京海淀区瑞王坟）
4. 原株

锦园

树种： 桃
类别： 品种
通过类别： 审定
学名： *Prunus persica* ‘Jinyuan’
编号： 国 S-SV-PP-021-2015
申请人（单位）： 上海市农业科学院

品种特性

树姿开张。中晚熟黄桃品种，果实发育期125天左右。平均单果重206~225g，最大单果重316g，盛果期亩产1500kg。果实金黄，可溶性糖11.2%，可滴定酸0.33%，鲜果维生素C 6.58mg/100g，可溶性固形物13.2%~14.5%。可鲜食、制作罐头、制汁。

栽培技术要点

选择地势高、排灌设施良好且土层肥沃的地块建园，无须配置授粉树。采用开心形树形时，株行距4.0m×5.0m，采用主干形整形，株行距2.5m×5.0m。适时适量疏果，盛产期亩产控制在1200~1500kg。加强肥水管理。

适宜种植范围

上海、浙江等桃适宜栽培区。

1. 结果状
2. 果枝
3. 果实

鲁星

树种：桃
类别：品种
通过类别：审定
学名：*Prunus persica* 'Luxing'
编号：国 S-SV-PP-022-2015
申请人（单位）：山东省果树研究所

品种特性

树势强健，树姿开张。早熟油桃品种，果实发育期 80 天左右。果实圆形，果面全红，平均单果重 228.4g，最大单果重 317.7g，4 年生平均亩产 1931.9kg。可溶性固形物 12.0%，总糖 8.96%，可滴定酸 0.43%。鲜食。

栽培技术要点

在山岭地或土层较薄的地区采取挖通壕或大坑的栽植方式，黏土地采用起垄结合生长季覆草的栽植模式。树形一般采用开张型或主干型。在果实的 2 次膨大期要加强肥水管理，花前、花后及幼果期，注意防治蚜虫危害。

适宜种植范围

山东、山西、河北、辽宁等油桃适宜栽培区。

1. 结果枝
2、3. 果实
4. 结果母树

巨玫

树种：葡萄
类别：品种
通过类别：审定
学名：*Vitis vinifera* 'Jumei'
编号：国 S-SV-VV-023-2015
申请人（单位）：常金华

品种特性

华北地区，成熟期一般在9月中下旬，较'巨峰'晚7~10天，属中晚熟葡萄品种。每果含1~3粒种子。果粒近圆形，深紫色，果穗重500~750g，平均单果重9.4g，盛果期亩产量2000~2500kg。可溶性固形物18%。鲜食或酿酒。

栽培技术要点

棚架、篱架栽培均可。篱架栽培一般行距1.5~3m，株距1m；棚架栽培一般行距6m，株距1m。夏季新梢及时摘心，副梢及时处理，冬剪以中短枝修剪为主。喜高水肥。

适宜种植范围

河北、河南等葡萄适宜栽培区。

1. 母树
2. 单株
3. 河北生产园
4. 果实及枝叶
5. 河南生产园

秋艳

树种：石榴
类别：品种
通过类别：审定
学名：*Punica granatum* 'Qiuyan'
编号：国 S-SV-PG-024-2015
申请人（单位）：山东省林业科学研究院、山东省枣庄市石榴研究中心

品种特性

小乔木，树姿开张。在山东枣庄地区，果实成熟期为10月中下旬，为晚熟品种。果实近圆形，果形指数0.9，果实底色为黄色，表面着鲜红色，平均单果重450g，最大单果重600g；籽粒大，平均百粒质量76g，最大百粒质量90.6g。果实可溶性固形物16.8%，鲜果出汁率49.6%。鲜食或制汁。

栽培技术要点

落叶到第2年萌芽前均可定植，株行距(2~3)m×4m。花前施速效氮磷肥，7月中旬施果实膨大肥，秋季新梢停长后施有机肥。树形为小冠疏层形。定干50~80cm；第2年剪选2~4个旺枝短截1/3，其余枝条缓放；第3年及以后，开张主枝角度，促生有效短壮枝条，培养树形和结果枝组。

适宜种植范围

山东、河北等石榴适宜栽培区。

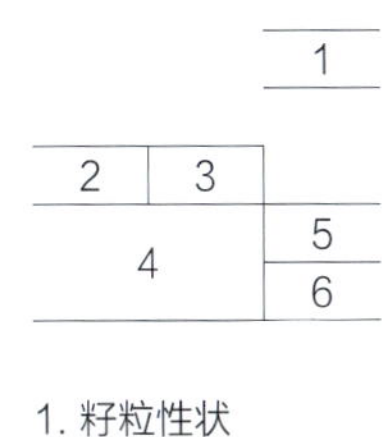

1. 籽粒性状
2. 4年生结果树（枣庄峄城）
3. 母树
4. 对比实验园（种质资源库）
5. 果实
6. 开花状

中农秋梨

树种： 梨
类别： 品种
通过类别： 审定
学名： *Pyrus bretschneideri* 'Zhongnong Qiuli'
编号： 国 S- SV-PB-025-2015
申请人（单位）： 中国农业大学

品种特性

树体生长势强。中熟品种，果实发育期约 130 天。果实卵圆形，成熟时果面金黄色，平均单果重约 250g，最大单果重 350g，盛果期平均亩产 2450kg。果实可溶性固形物 13.0%，可滴定酸 0.14%。鲜果维生素 C 10.95mg/100g。鲜食或加工。

栽培技术要点

选择排水良好，土层深厚，阳光充足的地块建园。春秋季栽植均可，提倡春季定植，株行距 2.5m×4.0m。以'早酥梨'、'秋白梨'、'鸭梨'等作为授粉树。自由纺锤形修剪，树体高度保持在 3.5m 左右。常规土、肥、水管理。

适宜种植范围

北京、河北、辽宁等梨适宜栽培区。

	1	
2	3	4
5	6	7

1. 果实性状
2. 结果状（不套袋果实）
3. 果实性状（辽宁）
4. 果实性状（北京）
5. 结果树
6. 树体生长状态（以杜梨为砧木）
7. 树体生长状态（高接于鸭梨树上）

龙丰

树种： 苹果
类别： 品种
通过类别： 审定
学名： *Malus pumila* 'Longfeng'
编号： 国 S- SV-MP-026-2015
申请人（单位）： 黑龙江省农业科学研究院牡丹江分院

品种特性

树势中庸。在黑龙江地区 9 月中旬成熟，晚熟品种。平均单果重 45.1g，最大单果重 70g。北京地区盛果期亩产 1600kg。果皮紫红色，可溶性固形物 14.2%，可溶性糖 12.12%，可滴定酸 6.34g/kg，维生素 C 202mg/kg。鲜食或加工。

栽培技术要点

选择排水良好的地块建园，株行距 2m×4m、3m×4m 为宜。选择小冠形或纺锤树形。适宜授粉品种有'金红'、'龙冠'，'K9'等，雌雄比 4∶1 或 6∶1。加强水肥管理，增施基肥，以有机肥为主，配合施磷钾肥。

适宜种植范围

北京、吉林、黑龙江、内蒙古等苹果适宜栽培区。

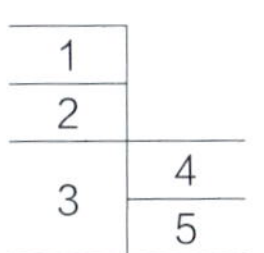

1. 多果
2. 丰产性
3. 区域实验（内蒙古通辽）
4. 果实
5. 双果

玉铃铛

树种：枣　　学名：*Ziziphus jujuba* 'Yulingdang'
类别：品种　　编号：国 S-SV-ZJ-027-2015
通过类别：审定　　申请人（单位）：阜阳市玉枣园现代农业科技有限公司、安徽省农业科学院园艺研究所、阜阳市颍泉区枣树行种植专业合作社

品种特性

树姿半开张。在安徽阜阳地区 9 月中旬完熟，果实生育期 90 天，中熟品种。果实圆形，果形指数 96%，平均单果重 19.88g，最大单果重 34.62g，盛果期亩产 1200kg。鲜枣可溶性固形物含量 30%，可食率 98.2%，可滴定酸 0.256%，鲜果维生素 C 328mg/100g。鲜食。

栽培技术要点

选择土层肥厚、有机质含量高的砂壤土栽植，株行距（2~3）m×（3~4）m。矮化密植型的枣园的树形可选用小冠疏层形、开心形等，树高控制在 2~2.5m。施肥以有机肥为主，化肥为辅。盛果期亩产量控制在 1500kg 以内。

适宜种植范围

山西、安徽等枣适宜栽培区。

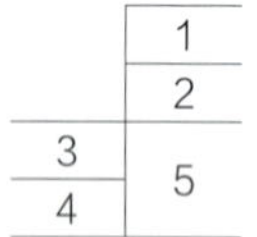

1. 果枝
2、5. 结果状
3. 花枝
4. 枝叶

金傲芬

树种：无花果
类别：引种驯化品种
通过类别：审定
学名：*Ficus carica* 'Orphan'
编号：国 S-ETS-FC-028-2015
申请人（单位）：山东省林业科学研究院

品种特性

山东省林业科学研究院于1998年从美国加州农业部引进。果皮金黄色，光泽艳丽；果肉淡黄色。平均单果重95g，盛果期亩产可达1300kg。果实可溶性固形物16.1%，维生素C 12.52mg/kg鲜重。鲜食或制干。

栽培技术要点

定植密度一般可采用（2~3）m×（4~5）m，以含磷钾的混合肥等作基肥，定植适期在清明前后。采用多主枝自然开心形整枝方式，全株保留3~5条主枝。秋施基肥，生长季追肥2~3次。一般宜在晴天的早晨或傍晚进行采摘。

适宜种植范围

山东、河南、陕西等无花果适宜栽培区。

1	2
3	4

1. 叶片
2、3. 果实外观
4. 果实剖面

卡那迪亚

树种： 无花果
类别： 引种驯化品种
通过类别： 审定
学名： *Ficus carica* 'Conadria'
编号： 国 S-ETS -FC-029-2015
申请人（单位）： 山东省林业科学研究院

品种特性

山东省林业科学研究院于 1998 年从美国加州农业部引进。果皮绿黄或浅绿色，果肉红色。平均单果重达 61g，最大单果重 80g，盛果期亩产可达 1600kg。果实可溶性固形物 14%，维生素 C 16. 39mg/kg 鲜重。鲜食或制干。

栽培技术要点

定植密度一般可采用（2~3）m×（4~5）m，以含磷钾的混合肥等作基肥，定植适期在清明前后。采用多主枝自然开心形整枝方式，全株保留 3~5 条主枝。秋施基肥，生长季追肥 2~3 次。一般宜在晴天的早晨或傍晚进行采摘。

适宜种植范围

山东、河南、陕西等无花果适宜栽培区。

1	2
3	4

1. 叶片
2. 果实外观
3. 果实剖面
4. 结果枝

阿美尼亚

树种：无花果
类别：引种驯化品种
通过类别：审定
学名：*Ficus carica* 'Armerian'
编号：国 S-ETS-FC-030-2015
申请人（单位）：山东省林业科学研究院

品种特性

山东省林业科学研究院于 1998 年从美国加州农业部引进。果皮金黄色，果肉淡粉色，平均单果重达 60g，最大单果重 100g，盛果期亩产可达 900kg。果实可溶性固形物 16.3%，维生素 C 15.42mg/kg 鲜重。鲜食或制干。

栽培技术要点

定植密度一般可采用（2~3）m×（4~5）m，以含磷钾的混合肥等作基肥，定植适期在清明前后。采用多主枝自然开心形整枝方式，全株保留 3~5 条主枝。秋施基肥，生长季追肥 2~3 次。一般宜在晴天的早晨或傍晚进行采摘。

适宜种植范围

山东、河南、陕西等无花果适宜栽培区。

1	2
	3

1. 结果状
3. 叶片、果实及剖面
4. 果实外观

紫苏蕾斯

树种：无花果	学名：*Ficus carica* 'Violette solise'
类别：引种驯化品种	编号：国 S-ETS-FC-031-2015
通过类别：审定	申请人（单位）：山东省林业科学研究院

品种特性

山东省林业科学研究院于 1998 年从日本福岛日商株式会社引进。果皮深紫红色，果肉鲜红色、致密多汁，平均单果重 58g，盛果期亩产可达 800kg。果实可溶性固形物 17.5%，维生素 C 5.27mg/kg 鲜重。鲜食或制干。

栽培技术要点

定植密度一般可采用（2~3）m×（4~5）m，以含磷钾的混合肥等作基肥，定植适期在清明前后。采用多主枝自然开心形整枝方式，全株保留 3~5 条主枝。秋施基肥，生长季追肥 2~3 次。一般宜在晴天的早晨或傍晚进行采摘。

适宜种植范围

山东、河南、陕西等无花果适宜栽培区。

1. 果实外观及剖面（日本紫果）
2. 结果枝（日本紫果）
3. 叶片（日本紫果）
4. 果实外观（日本紫果）